농업·농촌의 창조경제를 실현하는

6차 산업 이야기

농촌진흥청

Sixth round of industry story

농업·농촌의 창조경제를 실현하는

6차 산업 이야기

Rural Development Administration

가공중심형 우수 사례

관광·체험중심형 우수 사례

생산중심형 우수 사례

외식중심형 우수 사례

유통중심형 우수 사례

치유농업중심형 우수 사례

농업·농촌의 창조경제를 실현하는 '6차 산업 이야기'

　새 정부는 '국민 행복, 희망의 새 시대'를 국정비전으로 제시하였습니다. 이러한 비전을 달성하기 위해, 우리 농업분야는 위기를 기회로, 약점을 강점으로 바꾸는 창조적 사고를 절실히 원하고 있습니다.

　최근 농업 소득, 농가 수 감소, 농촌의 고령화 등은 우리 농업의 어려운 현실을 반영합니다. 급변하는 국내외 정세는 농업의 위기감을 고조시키고 있으며 한국 농업의 역량이 어느 정도인지 시험하고 있습니다.

　그러나 언제나 그래왔듯이 악조건 속에서도 농업·농촌의 새로운 희망을 찾기 위해 오늘도 일선에서 묵묵히 생산(1차), 가공 및 제조(2차), 서비스(3차) 산업의 융·복합으로 새로운 소득원을 창출하고 부가가치를 높이는 6차 산업 성공 사례들이 많이 있습니다. 이들은 기존의 생산중심 농업에서 나아가, 가공·유통·관광·서비스를 아우르는 농업의 6차 산업화를 통하여 농업·농촌이 살기 좋고 활력 있는 복지농촌을 이룩하는데 전력을 기울이고 있습니다. 이에 농촌진흥청은 이러한 우수사례를 정리하여, 『농업·농촌의 창조경제를 실현하는 '6차 산업 이야기'』를 발간하게 되었습니다.

　우리 농촌진흥청은 6차 산업 우수사례를 발굴하여, 6차 산업에 필요한 기술개발 및 보급, 컨설팅, 홍보, 마케팅 등 적재적소에 필요한 조치를 신속하게 취할 수 있도록 더욱 노력

하고자 합니다. 금번 발간하는 책자에는 획일화되고 정형화된 농업이 아닌, 독창적이고 창의적인 수익모델을 만들어 창조적 6차 산업에 성공한 우수 사례를 담았습니다. 농업의 6차 산업화 및 일자리 창출을 위한 실천전략이 현장에서 어떻게 이루어지고 있는지 면밀히 살펴볼 수 있는 자료로 생산중심형, 가공중심형, 서비스중심형(외식형, 관광·체험중심형, 치유중심형)으로 분류하여 소개하고 있습니다.

이번 사례집에 담긴 우수 사례가 모범답안처럼 모든 6차 산업을 대변하기는 어렵습니다. 하지만 우수 사례에 대한 간접 체험을 통해서 6차 산업의 성공에 이르는 길을 단축시킬 수 있습니다. 항상 우리 농업·농촌의 발전을 위해 불철주야 노력하시는 농업인 여러분, 그리고 우리 땅에서 자란 농산물을 애용하시며 한국 농업의 탄탄한 기반을 만들어주시는 모든 국민 여러분께 감사드립니다. 본 책이 우리 농업의 6차 산업화에 새로운 지평을 여는 시금석이 되기를 기원합니다.

2013년 8월
농촌진흥청장 이 양 호

Contents

01 가공중심형 우수 사례

01 특허가공기술로 알알이 채운 맛있는 옥수수 **군위 찰옥수수마을**	14
02 발상의 전환, 민들레로 가능한 모든 것 **장성 자라뫼마을**	18
03 뜸북새 논에서 울고, 호박이 넝쿨째 굴러드는 **서산 회포마을**	22
04 산학연 협력단이 만들낸 최고품질의 브랜드 **아이포크영농조합**	26
05 오감만족 녹차의 유혹 **다자연영농조합법인**	30
06 1차 생산물의 변신으로 부가가치 창출 **농업회사법인 매봉합자회사**	34
07 천년의 향기를 담은 명품 차(茶) **청태전영농조합법인**	38
08 친환경, 그 이상의 가치를 만들다 **철원 친환경영농조합**	42
09 여성의 섬세함으로 꽃을 수놓다 **고양시 압화연구회**	46
10 지역 농업의 활기를 불어넣다! **함양 농산물가공협회**	50

02 관광·체험중심형 우수 사례

11	대한민국 대표 장맛, 고추장이 맛있게 익어가는 **순창 고추장익는마을**	56
12	청정 흙에서 싹튼 유기농업 **남양주 송촌리 딸기체험마을**	60
13	넝쿨째 들어온 호박으로 즐거운 체험놀이 **용인 호박등불마을**	64
14	농산물 꾸러미에 담은 남도의 정(情) **강진 청자골달마지마을**	68
15	화전민의 애환을 관광·체험으로 승화시킨 **횡성 고라데이마을**	72
16	우리마을에선 즐거운 제주향기가 샘솟는다! **제주 아홉굿마을**	76
17	전통과 자연이 함께 숨쉬는 안마당 **양산 물안뜰마을**	80
18	도시민의 휴양공간 로하스파크 **연천 옥계마을**	84
19	한탄강과 전통문화의 조화 **포천 교동 장독대마을**	88
20	블루베리와 다채로운 체험활동의 만남 **자연사랑영농조합법인**	92

03 생산중심형 우수 사례

21 친환경유기농법으로 자연친화적인 **홍성 문당환경농업마을** ·············· 98

22 편안한 휴식공간과 넉넉한 인심이 넘치는 **옥천 장수마을** ·············· 102

23 사계절 해피 농촌 크리스마스! **나주 이슬촌마을** ·············· 106

24 신품종 '청아콩', 내린천 두부 명품화에 앞장서다 **인제콩영농조합법인** ·········· 110

25 우보천리(牛步千里), 대기만성(大器晚成) **(주)우보농산** ·············· 114

26 진도 검정쌀의 생산-가공-유통-수출까지 **하루愛세끼영농조합법인** ············ 118

27 자원 순환형 친환경 지역농업을 실현한 **푸른들영농조합법인** ·············· 122

28 생명, 추억, 희망이 넘실거리는 청보리밭 추억여행 **군산 꽁당보리연구회** ······· 126

29 세계시장에서 굳건히 1위를 고수하고 있는 접목선인장 **고양시 선인장연구회** ····· 130

30 땅끝마을 소금밭에 피어난 작은 기적 **해남 세발나물연구회** ·············· 134

04 외식중심형 우수 사례

31	건강한 지역 농산물로 만든 맛있는 흥부전 **남원 달오름마을**	140
32	금학이 날개를 펴니 대숲과 꽃이 향기를 내는 **서산 꽃송아리마을**	144
33	흙을 노래하는 매지리의 명물 **토요영농조합법인**	148
34	저 산 너머엔 특별한 맛이 있다! **부안 산너머남촌엔**	152
35	연꽃단지에 핀 황금밥상 **완주 황금연못**	156
36	엄마 손으로 직접 담아낸 맛있는 지역 특산물 **단양 수리수리봉봉**	160
37	백제의 숨결로 빚어낸 향토 밥상 **공주 미마지(味摩之)**	164
38	끝없이 펼쳐진 초록빛 배추밭 위의 청정 밥상 **태백 배추고도 귀네미**	168
39	200년 전통종가 음식의 부활 **강릉 서지초가뜰**	172
40	고종이 즐겨 먹던 궁중요리를 전수하다 **구암 모꼬지터**	176

05 유통중심형 우수 사례

41 텃밭에서 일궈내는 6차 산업화 **칠곡 농부장터**	182
42 고령화사회, 은퇴인력을 활용한 친환경농산물 유통 **은퇴농장사람들**	186
43 세계를 선도하는 글로벌 브랜드 **농업회사법인 머쉬엠[주]**	190
44 농업을 바꾸고 사회를 변화시키는 **언니네 텃밭**	194
45 자연에 기술을 더하는 기업 **J&A 농업회사법인**	198

46 농산물 유통의 새로운 모델 제시 **이레유통**	202
47 세계로 뻗어나가는 **당진 단호박연구회**	206
48 아이디어를 품은 사과! 농부들의 신나는 장터 **파머스파티**	210
49 춤추는 꿀벌들이 노니는 칠갑산자락 **칠갑산 무지개농원**	214
50 전 방위적 6차 산업화를 전개하는 **모루농장**	218

06 치유농업중심형 우수 사례

51 맛과 여유, 정감이 넘치는 힐링캠프 **양양 달래촌마을** ······················· 224

52 우리나라 최초로 조성된 자연치유마을 **하동 하늘땅번지마을** ············· 228

53 나를 찾아 떠나는 **음성 황토명상마을** ··· 232

54 산야초, 힐링의 향기에 취하다 **제천 산야초마을** ····························· 236

55 생명원리에 따른 교육을 실천하는 **뜨락원예치유센터** ······················· 240

56 장애인의 소득을 보장하는 치유농업 **즐거운농장** ···························· 244

57 체험·관광에서 치유농업까지 변신하는 **채림효원** ···························· 248

58 내 몸 안의 자연치유기능을 깨우는 **물뫼힐링팜** ······························ 252

59 농촌의 자연에서 건강을 되찾다 **산음숲자연학교** ···························· 256

60 도시 속 치유농업 **안성 원예치유연구회** ······································· 260

part 01

가공중심형 우수 사례
Rural Development Administration

특허가공기술로 알알이 채운 맛있는 옥수수
군위 찰옥수수마을

연중 생산이 불가능한 옥수수 작목을 한방가공특허 기술로 제조하여 고온멸균 및 실온유통을 가능케 한 군위 찰옥수수마을. 옥수수 가공으로 마을의 생산성 및 소득 향상을 이룬 6차산업화 우수 사례 마을이다.

마을명 군위 찰옥수수마을 위치 경상북도 군위군 소보면 신계리 129-1 대표자 손태원 설립연도 2006년
주요품목 찰옥수수 연매출 10억 원 농가수 108농가 수상경력 2008 부자마을 만들기 사업, 2012 우수마을기업 선정(대통령상) 인증내역 HACCP 인증, 한방가공특허, 친환경농산물 인증
홈페이지 http://www.alroce.co.kr 전화번호 054-383-7770

사업현황 생산부터 체험까지 성공적인 6차 산업 달성, 해외 수출로 영역확대

▶ 옥수수 가공을 통해 특정 기간에만 판매되던 옥수수를 1년 내내 판매할 수 있는 상품으로 탈바꿈
- 지역 양봉사업의 사료 비용절감을 위해 시작된 옥수수 농사가 지금은 특화사업이 되어 마을의 새로운 소득작물로 부상
- 사업 초기에는 농산물 판매 위주였으나, 다양한 실험과 연구를 바탕으로 옥수수 가공품을 개발하기 시작

▶ 마을주민의 적극적인 참여로 매년 참여농가 증가, 다양한 사업을 통해 한 단계 발전하는 마을로 평가
- 마을사업 초기에는 39가구에 불과했지만 현재는 108가구가 참여할 만큼 규모화 및 조직화를 달성
- 2008년 부자 만들기 사업, 2012년 우수마을기업 선정으로 지원 사업을 통한 시설 및 기술 확보
- 농촌진흥청, 경북대학교, 외부기업 등과 협력을 통해 사업을 진행하고, 옥수수 생산부터 가공까지 주민이 주체가 되는 마을로 성장

▶ 1차 농산물로 옥수수 재배, 2차 한방약재를 활용한 옥수수가공상품 개발, 3차 산업으로 옥수수 따기 체험 실시
- 사업초기 신문, 잡지, TV프로그램 출연 등 다양한 홍보활동으로 자리를 잡고 이후에는 사업의 안정화를 위해 다방면으로 노력
- 농협, 대형마트 등 안정적인 공급망을 확보하였고 2012년에는 2만 달러 규모의 미국 수출에 성공하는 등 다양한 판로를 확보

찰옥수수 제품

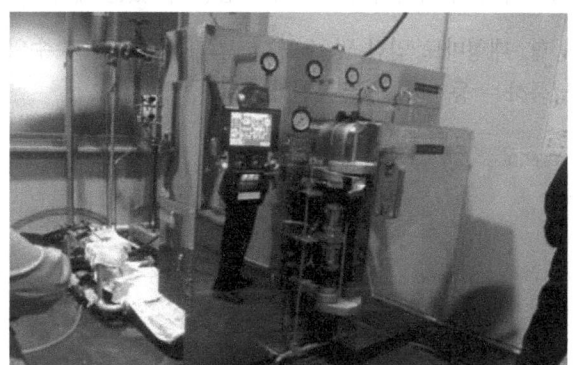
찰옥수수 생산 현장

사업성과   브랜드 인지도 제고, 일자리 창출 등 지역사회 기여도 상승

▶ **부가가치 향상을 위한 다년 간의 노력 끝에 우수한 품질의 옥수수 가공식품 생산**

- 옥수수 가공을 높이 평가받아 2008년 부자마을 1호 사업으로 선정되어 가공시설을 확충하는 등 외적 성장 이룸
- 우수한 품종선별, 무농약 재배를 통해 고품질 옥수수를 생산하고 감초, 구기자, 산약 등을 넣은 물에 옥수수를 삶아 특허 받은 옥수수 가공품 개발
- 농가를 통한 옥수수 수매 시 시중가보다 50% 높은 가격을 책정하며, 특허가공 처리 후에 판매가격은 수매가격의 6배 이상을 받을 만큼 품질을 인정받음

▶ **브랜드화, 특허인증, HACCP인증 등 소비자에게 신뢰를 심어줄 수 있는 전략으로 매년 브랜드 가치 성장**

- 식품을 안전하게 생산하고 제조하는 업체라는 인식을 줄 수 있는 HACCP인증, 친환경농산물 인증 등으로 신뢰도 향상
- '알록이 찰옥수수'라는 자체브랜드를 개발하여 기존의 옥수수 주산지 브랜드와 경쟁할 수 있는 경쟁력 갖춤

▶ **일자리 창출, 농가교육실시, 유통전략 등 지역에서 필요한 부분을 마을기업에서 주도적으로 실시하여 지역경제 발전에 기여**

- 108개 농가와 계약재배를 실시하여 안정적인 소득이 가능하고 수확, 가공 시 연 2천여 명의 노동력을 활용하여 일자리를 창출
- 군위군 농업기술센터와 제휴하여 찰옥수수 농가에 대한 지속적이고 다양한 교육을 실시하여 옥수수가 특화작목으로 자리 잡을 수 있는 계기 마련
- 농협, 대형마트 입점 및 소포장 전략, 비상품 옥수수의 경우 알맹이만 포장하여 학교급식에 납품하는 등 다양한 유통전략 보유

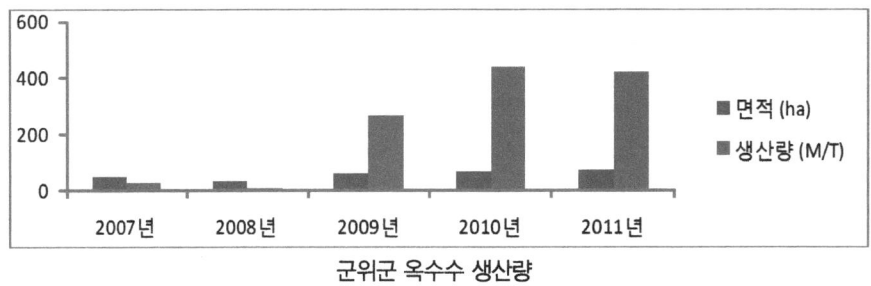

군위군 옥수수 생산량

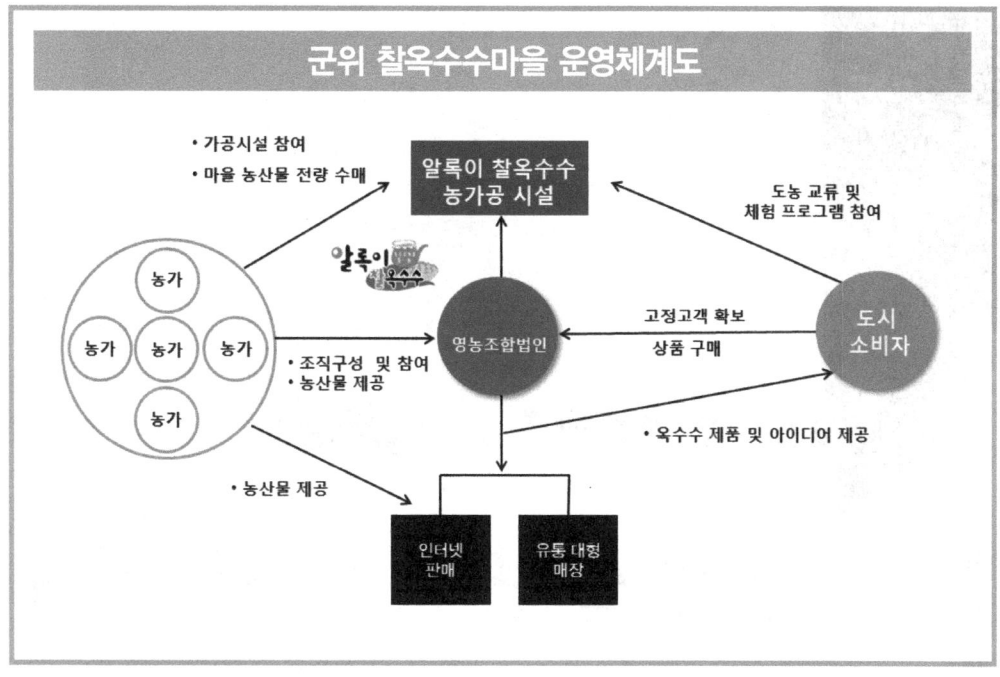

'군위 찰옥수수마을'의 나아갈 길

- 대부분의 농가현장에서 나타나듯이 노동력 확보 문제가 마을기업 경영에 가장 큰 애로사항
- 첫 걸음을 뗀 수출전략을 보다 체계적으로 접근하여 향후 국내 농산물 우수 수출 품목으로 입지를 명확히 할 계획
- 옥수수의 작목 특성상 다른 가공품을 개발하는데 어려움이 있지만 보다 다양한 소비자 니즈를 반영하기 위한 연구개발이 필요

발상의 전환, 민들레로 가능한 모든 것
장성 자라뫼마을

국내 최초 유기농 민들레 생산단지를 보유하고 있는 전라남도 장성 자라뫼마을은 생산된 상품을 가공, 체험과 연계하여 운영하고 있다. 평균 연령 68세 이상의 고령화 마을이지만 고령 유휴 노동력을 적재적소에 활용하여 마을 주민 만족도가 매우 높은 예비사회적기업(2012년) 마을이다.

마을명 장성 자라뫼마을 위치 전라남도 장성군 북이면 오월리 225-1 대표자 김정근 설립연도 2005년
주요품목 민들레 가공식품, 호박고구마, 친환경쌀 연매출 1억 원 농가수 70여 가구 수상경력 2011년 친환경농업 선도마을 인증내역 유기농민들레 인증 생산단지, 2012년 예비사회적 기업 홈페이지 http://jaramei.go2vil.org
전화번호 061-392-8285

사업현황 일자리창출 등 지역사회 기여하는 예비사회적기업 지정

▶ **마을 주민이 자발적으로 운영위원회를 구성하는 등 사업초기부터 지원사업 없이 운영할 만큼 주민참여율이 높음**
- 2005년부터 토착민과 귀농인 주도의 농작물 수확체험, 미꾸라지잡기 체험 등 자발적인 체험 프로그램 실시로 마을단위 사업에 대한 효과를 체득
- 마을사업 초기, 마을 주민 95% 이상이 참여한 전국 최초 마을단위 지역축제인 '자운영 축제'를 개최하는 등 사업초기부터 주민들의 참여율과 의지가 높았음

▶ **농촌테마마을, 녹색농촌체험마을 지정을 통해 시설을 갖추고 마을사업 추진의 기틀을 마련**
- 2007년 농촌전통테마마을에 지정되어 체험관, 학습관 등 기반시설을 마련, 총 11가지의 체험 프로그램을 계절별, 테마별로 진행
- 녹색농촌체험마을 지정을 통해 2012년 마을의 주력 상품인 민들레차 가공공장을 완공, 2차 가공산업이 소득사업의 주를 이루면서 부가가치 창출

▶ **운영위원회를 중심으로 마을사업 진행, 영농조합법인 설립 및 예비사회적기업[1]으로 지정**
- 마을의 프로그램과 친환경교육, 마을조경 등 마을에서 진행되는 모든 사업은 운영위원회에서 회의를 통해 결정
- 영농조합법인을 설립하고 2012년 예비사회적기업으로 지정 받는 등 지역사회를 위한 법인화, 기업화가 이루어짐. 일자리 및 소득창출, 사회서비스에 기여
- 가공상품 소득사업을 보다 체계적으로 운영하기 위한 법인 설립, 예비사회적기업으로 지정 받아 지역경제 활성화에 기여

자라뫼마을 체험장

자라뫼마을 전경

[1] 사회적 목적 실현, 영업활동을 통한 수익창출 등 사회적 기업의 대체적인 요건을 갖추고 있으나, 수익구조 등 법률상 인증요건의 일부를 충족하지 못한 곳을 지방자치단체장이 지정한 기업(조직). 인증요건을 충족하게 되면 사회적 기업으로 전환 가능

| 사업성과 | 생산, 가공, 체험의 유기적 연계로 매년 체험 방문객 증가 |

▶ 다양한 기관과 자매결연, 농어촌체험·휴양마을 지정으로 안정적인 체험객 유치 가능
- 한국토지주택공사와의 1사1촌, 광주 마재초등학교 자매결연을 통해 지속적이고 안정적으로 체험객을 유치
- 2006년 '좋은 이웃 밝은 동네상' 수상, 2011년 농어촌체험·휴양마을 지정 등 마을의 우수성을 인정받아 매년 4,000여 명 수준의 체험객 방문

▶ 민들레를 통한 2차 가공화 사업을 실시하여 가공상품 중심의 마을사업으로 자리매김
- 국내 최초 유기농 민들레 인증 생산단지를 보유하고 있으며, 이를 활용한 민들레차(가공) 생산과 민들레김치, 장아찌 등 만들기 체험활동을 실시
- 특화자원을 개발하기 위해 마을에 산재해서 자생하고 있는 민들레를 주 테마로 민들레차, 민들레환 등을 개발하여 2013년 상반기 기준 3,600만 원 매출 기록
- 민들레를 통해 생산·가공·체험의 효율적인 6차 산업화가 가능, 이에 대한 소비자 호응도 높음

▶ 체험사업을 통한 고령 노동력 활용과 예비사회적기업을 통한 일자리 창출로 마을주민들의 신뢰 획득
- 체험사업 실시를 통해 마을의 유휴 고령농의 활용이 가능하고 체험관 건립을 통해 마을 주민들이 자유롭게 모일 수 있는 공간으로 활용
- 임금의 60%를 마을에 환원함으로써 지속가능한 마을로 성장할 수 있는 기반 마련
- 지원 사업을 통해 마을기반을 마련하고 가공사업 추진의 기틀을 세우는 등 지원 사업을 효율적이고 미래지향적으로 활용

유기농 민들레차

민들레장아찌 만들기 체험

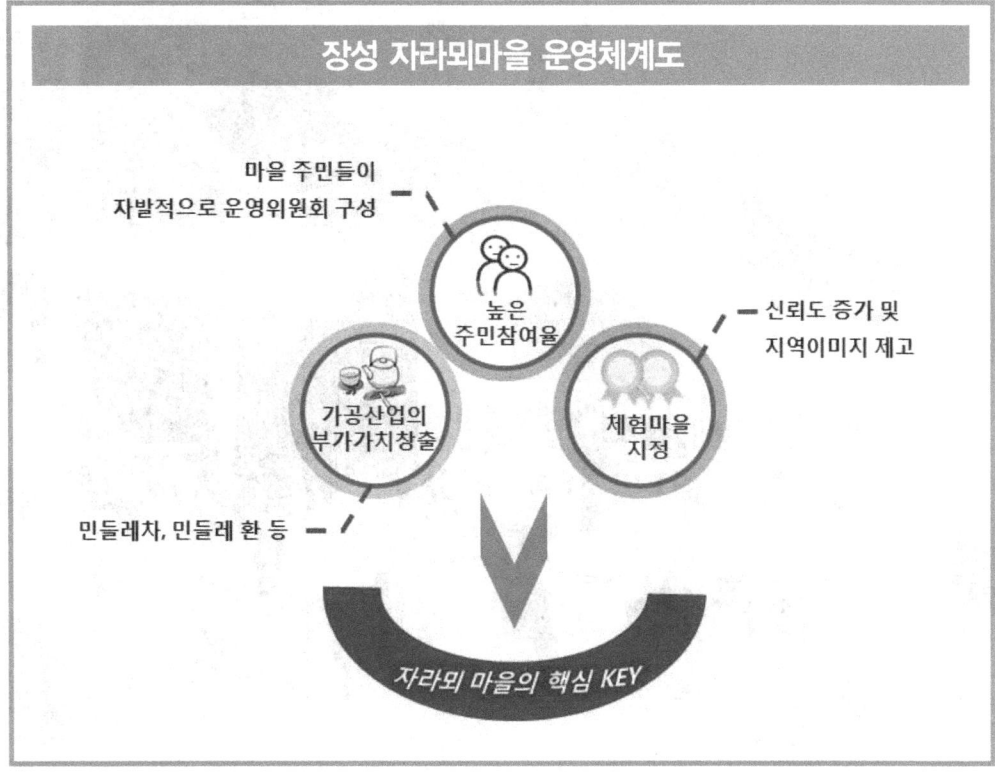

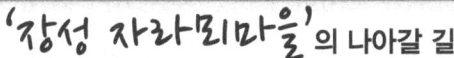

'장성 자라뫼마을'의 나아갈 길

- 가공상품인 민들레차를 통한 소득향상을 꾀하여 보조사업이 아닌 자생력을 가진 마을조직으로 탈바꿈
- 다양한 형태의 홍보수단을 통한 안정적인 체험객 유치가 목표
- 사회적기업을 넘어서 지역 일자리창출, 소득창출 등 부가가치를 높이는 사업 위주로 진행

03 뜸북새 논에서 울고, 호박이 넝쿨째 굴러드는
서산 회포마을

서해 바닷물이 마을어귀까지 들어왔다 다시 돌아간다 하여 회포로 불리우는 서산 회포마을. 간척지 쌀과 밭작물인 호박과 고구마가 유명하며 모내기체험, 호박요리체험 등 다양한 볼거리, 먹거리가 풍족한 농촌마을이다. 마을이 갖추고 있는 아름다운 전원풍경 또한 회포마을만의 매력포인트라고 할 수 있다.

마을명 서산 회포마을 위치 충청남도 서산시 대산읍 운산나루터길 37-16 대표자 최근명 설립연도 2004년
주요품목 간척지쌀, 흑미, 호박, 고구마, 두릅 등 연매출 1차농산물및체험 7천만 원, 참샘골식품 3억5천만 원
참여농가수 88농가 수상경력 2004 팜스데이마을, 2005 정보화마을, 2008 녹색농촌체험마을
인증내역 소규모(HACCP)지정, ISO9001품질인증 호박가공식품 홈페이지 http://hoepo.invil.org
전화번호 070-8802-6635

사업현황 | 지역 자원을 통한 가공상품 및 관광체험 개발

▶ 간척지로 형성된 넓은 농경지와 전통 미풍양속을 계승하여 충청남도 서산의 대표적인 우수 마을로 자리매김
- 1981~89년까지 대호방조제 사업으로 넓은 농경지와 풍부한 농업용수(대호지 담수호) 공급으로 현재 선진농업마을로 정착
- 상부상조·효 등 전통 미풍양속 계승을 통해 도의시범마을·효도의 마을로 선정

▶ 마을 운영위원회와 자생단체들의 협력을 통한 운영체계 확립
- 마을 운영위원회를 주축으로 팜스테이마을회, 애향회, 부녀회로 나누어 체험 및 주민교육 등 업무 분담으로 주민 삶의 질 향상 및 소득 증대

▶ 협약 재배 및 대학교·기관의 지원을 기반으로 1차 지역농산물을 활용한 가공상품을 개발하여 부가가치 창출
- 협약 재배를 통한 품질 향상 및 유통 체계 확립으로 농가의 안정된 소득 창출
- 한서대학교와의 산·학연 체결, 농업기술센터 특화사업 및 지원으로 2003년 호박가공사업시작으로 죽, 음료 등 다양한 상품 개발

▶ 2004년 팜스테이 마을 지정 계기로 마을 구성 재정비 및 체험사업 실시
- 2005년 정보화마을, 2008년 녹색농촌마을, 2011년 농촌체험휴향마을 지정으로 체험장, 홈페이지 등 다양한 지원사업을 통해 마을의 성장 도모
- 지역 농특산물을 활용하여 1차 생산·2차 가공 산업, 문화와 자연을 활용한 다양한 체험 프로그램으로 3차 산업의 활성화를 이끌며 마을의 6차 산업화를 이룸

호박요리 체험

손모내기 체험

사업성과 › 고객과의 소통으로 서산 우수마을로 탈바꿈

▶ 인터넷 쇼핑몰 직거래 시스템 구축을 통한 농산물 및 가공상품 매출 증대
- 고객 접근성 편리와 선택의 폭 다양화로 판매량이 증가 추세. 가공식품 판매량이 전체 판매의 90% 차지
- 회원가입 우수고객 확보를 위해 상품 구입액의 3% 적립 및 상품후기를 통한 포인트 부여, 재방문 유도 및 우수고객 1만3천 명 확보

▶ 1차 생산부터 2차 가공까지 철저한 관리로 상품의 신뢰도 및 소득 증가
- 유기질 퇴비와 키토산 농법을 통한 친환경 농산물 인증을 바탕으로 해썹(HACCP)인증을 받아 안전성 높임
- ISO 9001 국제품질경영 시스템, 충청남도도지사의 Q마크 품질인증으로 고객들의 신뢰도 상승 및 판매 증가로 이어져 연매출 3억5천만 원으로 매출 증가

▶ 지역 농특산물과 고객의 의견을 바탕으로 체험 프로그램 개발
- 고객의 체험문의를 계기로 체험 프로그램 운영의 필요성을 인식하여 맞춤식 프로그램 개발 및 운영
- 미니골프, 볏가리대세우기 등 전통과 현대의 조화로 고객의 니즈를 충족시키는 체험 프로그램 구성으로 체험객 매년 증가 (2011년 2천여 명 → 2012년 3천5백 여명)

▶ 생산, 가공, 체험의 활성화로 주민 참여도 증가 및 일자리 창출
- 재배법 발굴을 통해 지역 고령농가 소득 작목 발굴 및 가공공장·체험운영 시 주민 참여를 통한 일자리 창출

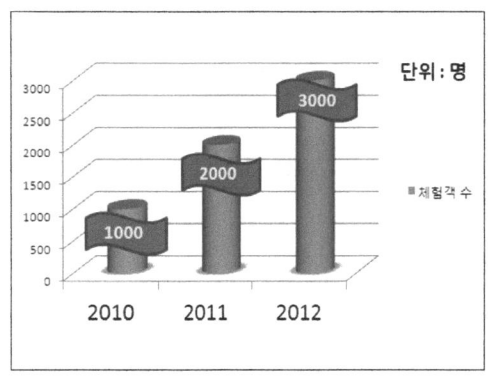

연도별 체험객 수

화분만들기 체험

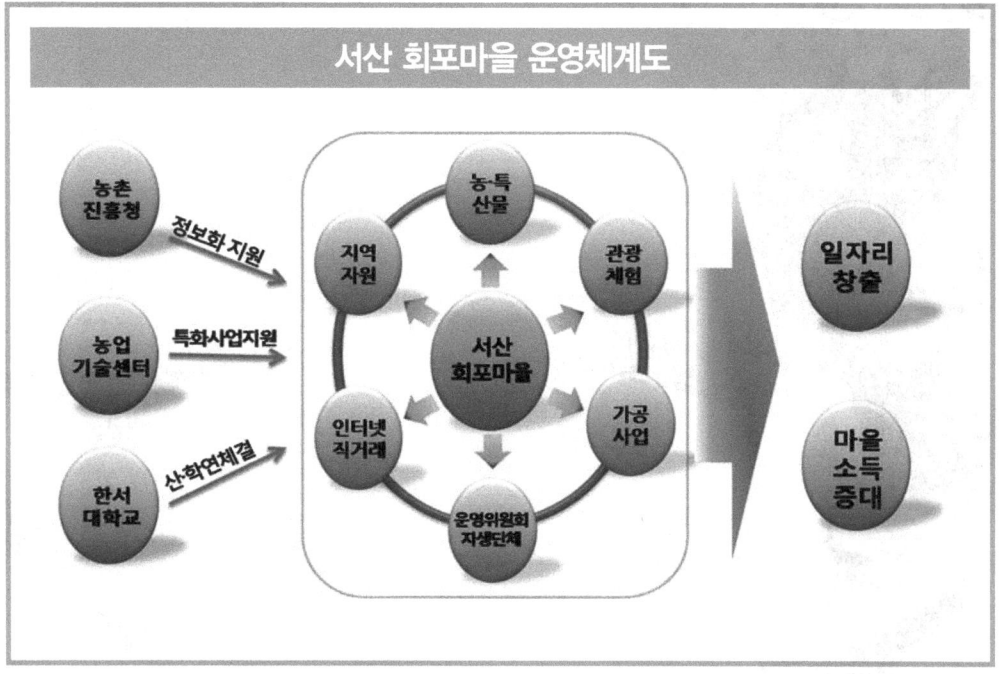

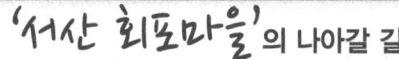의 나아갈 길

- 주중에 한정되어 있는 체험 프로그램운영 활성화를 위해 주말에 방문하는 가족단위 체험객을 위한 프로그램 개발 필요
- 체험 및 행사와 직거래의 연계를 통한 농특산물 판매 확대
- 현재 회포마을에서 진행하고 있는 호박 관련 체험 프로그램과 가공품의 확대를 통한 농촌체험관광 호박테마파크 구축

산학연 협력단이 만들낸 최고품질의 브랜드
아이포크영농조합

화성시, 용인시 양돈농가 25호를 중심으로 결성된 생산-가공-유통체계를 갖춘 아이포크영농조합법인. 경기양돈산학연협력단의 전폭적인 기술지원과 컨설팅으로 무항생제 돈육을 생산하는 사육체계를 마련하였고, 적극적인 행정 지원으로 현대화된 가공시설을 구비할 수 있었다. 아이포크영농조합의 회원농가는 생산에만 전념하고 법인이 가공·유통의 책임을 분담하는 형태로 운영되고 있다.

법인명 아이포크영농조합법인 **위치** 경기도 화성시 정남면 망월리 204 **대표자** 김정필 **설립연도** 2002년 **주요품목** 양돈 **연매출** 160억 원 **농가수** 25여농가 **수상경력** 2003 국무총리표창, 2006 세계농업기술상 수상, 2009 로하스 박람회 우수상, 2011 자랑스런 경기인상 **인증내역** 경기도지사 인증 G-마크 획득, 육가공장 HACCP인증, 안전축산물 인증서 획득(소비생활연구원장) **홈페이지** www.ipork.net **전화번호** 031-8059-2770

사업현황   친환경 무항생제 사육으로 경기도 G-마크가 보증하는 명품돈육

▶ **천연물질(봉독) 및 유용미생물(한약재)을 활용하여 친환경 돈육 생산**

- 국내산 돼지고기는 품질이 균등하지 못하다는 소비자들의 따가운 충고로 전 회원농가에 정수기 및 돈사 환경개선 사업을 전개
- 친환경 무항생제 인증 획득을 위해 경기양돈산학연협력단의 기술지원으로 봉독을 활용한 투여기술 개발·보급, 모돈(母豚)의 자궁질환 및 유방염 예방
- 새끼돼지에 한약재가 첨가된 사료를 급여함으로써 설사예방 및 증체량 증가 효과
- 혈청검사를 통한 농가별 질병관리체계 구축, 맞춤형 친환경 백신을 개발하여 보급
- 소비자들의 신뢰구축을 위해 생산이력 시스템 구축과 HACCP교육, 만성 소모성 질병방제 현장기술도 병행 추진

▶ **고품질 안전 돈육생산을 위한 성장단계별 사료급여체계 확립과 사육기술 표준화 준수노력**

- 자돈의 이유일령 변화에 따라 적정사료 급여프로그램과 임신돈/포유돈의 사양관리 매뉴얼보급 및 지도로 사료효율을 극대화
- 아이포크영농조합회원들은 종돈 통일, 한약제 포함된 사료 통일, 사양관리 통일을 통해 사료비 절감 및 균일화된 돈육생산
- OEM방식을 통해 자체 한약제 사료생산과 아이포크 전문사료를 생산 보급

▶ **회원농장의 체계적인 전산관리와 맞춤형 집중 현장교육, 원격시스템을 활용한 상시 종합 컨설팅 체계 마련**

- 항생제 잔류기록, 분만예정, 이유시기를 PDA로 손쉽게 관리하고 있으며 구제역 예방 등 예방위주의 질병관리기술 현장교육 실시
- 협력단 홈페이지의 원격시스템을 통해 각종 질병관리 등 회원농가 애로사항을 수시로 상담하며 컨설팅 체계를 구비

아이포크 영농조합법인

생산과정

사업성과 | 돈육의 생산·가공·유통·체험을 통한 6차 산업화로 사업 다각화

▶ HACCP 인증 육가공 공장을 설립하여 회원농가에서 생산한 생돈을 부위별로 선별·포장하여 판매하고 비선호부위는 소시지, 발효햄 등으로 상품화
- 2008년에 부지면적 6,600㎡에 육가공공장 660㎡, 사무실 165㎡, 한약공장 100㎡ 시설로 월 돼지 4,000두와 학교급식 돈육 80톤을 가공할 수 있는 첨단시설 구비

▶ 2010년 농촌진흥청 축산물 가공육제품 시범사업으로 발효생햄을 생산하기 시작하여 와인업체 등에 판매하고 있으며 시식회 등을 통해 홍보 중

▶ '아이포크' 브랜드를 통해 전국 대형마트 등에 납품하고 있으며 돈육 직판장, 직영식당을 운영하여 부가가치 제고
- 주요 거래처로는 농협하나로(양재, 성남, 창동, 수원), 용인농협, 여주축협, 전문식당 40개소, 전문판매점 50개소에서 판매 중
- 2007년 우수축산물 학교급식 사업선정으로 경기도내 150개 학교에 공급되고 있으며 온라인 쇼핑몰 등 8개 사이트에서 전자상거래 운영

▶ 양돈시장의 대형계열업체에서 살아남기 위해 소비자와 직접 만나는 시식행사 홍보에 주력
- 서울 청계천, 수원 만석공원, 화성행궁 등 각종 행사에 시식코너 및 홍보 전단지 배포로 소비자 반응을 체감하고 조합원 모두가 직거래 판매행사에 참여하여 소비자와 교감

▶ 양돈농가의 골칫거리로 여겨지고 있는 축산분뇨는 미생물폭기법과 경종농가와 연계하여 처리비용 절감

▶ 미생물폭기법을 활용한 분뇨액비화는 농가당 22백만 원의 분뇨처리비를 절감, 회원농가의 인근 논농사와 연계하여 비료비 및 처리비용 감소

※ 미생물폭기법은 납두균과 유산균, 효모균 등이 혼합된 복합미생물 제제를 사료 1t당 2kg씩 섞어 돼지에게 먹인 뒤 배설된 분뇨를 처리시설에서 발효, 폭기의 과정을 거쳐 완전 발효시키는 방법

자랑스런 경기인상 수상

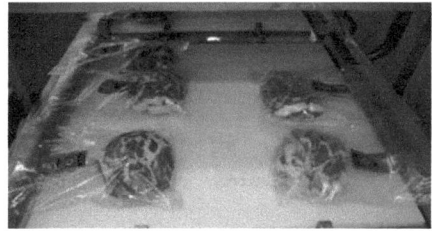

상품포장

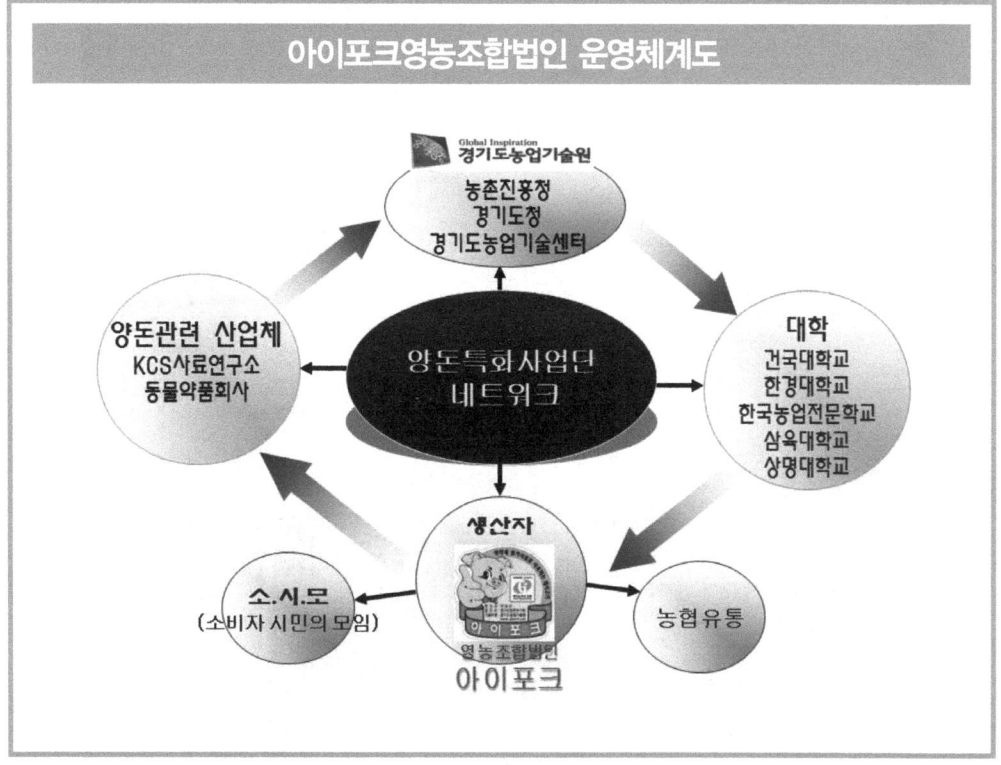

'아이포크영농조합법인'의 나아갈 길

- 아이포크영농조합법인은 생산-가공-유통단계가 연계되어 높은 부가가치를 이루고 있으며 안정된 출하처가 확보됨
- 100% 무항생제 돈육이 가능하도록 노력해야 하며 안전·안심 먹거리 소비시장과 학교급식 시장을 대상으로 차별화가 필요
- 비선호부위의 발효생햄 시장은 아직 개척단계로 시식 등 주기적 홍보를 통해 틈새시장 공략 필요, 향후 수입제품과 경쟁 대책 마련도 필요
- 선물용 선호부위 세트는 간편하고 고급스런 이미지가 있기 때문에 향후 제품 개발에 노력이 필요
- 현재 전용사료를 OEM방식으로 제조·보급하고 있는데 보다 더 많은 실험을 통해 사료효율이 우수하고 유용미생물이 함유된 기능성 사료제품으로 연구 필요

오감 만족 녹차의 유혹
05 다자연영농조합법인

우리나라에서 차를 처음 재배한 사천지역 96농가가 모여, 15만 평의 평지다원에서
연간 150톤의 녹차 및 가공상품을 생산·판매하고 있는 다자연영농조합법인
다자연문화센터 설립으로 테마관광단지를 조성하여, 더욱 큰 가치를 빚어내고
있는 우수한 영농조합이다.

법인명 다자연영농조합법인 위치 경상남도 사천시 곤명면 금성리 1096 대표자 이창효 설립연도 2003년
주요품목 녹차 연매출 34억 원 농가수 96농가 수상경력 2006 농림부 표창장, 2008 농촌진흥청 차디자인
은상, 2011 세계농업기술상 협동영농분야 우수상 인증내역 농산물이력추적관리, GAP 인증, ISO9001,
ISO14001 등 국제품질기준 확보 홈페이지 http://www.dajayeon.com 전화번호 055-853-5058

사업현황 | 최고의 녹차 생산을 위한 기반 구축

▶ 15만 평의 평지다원을 조성하여 대형 채엽기를 이용, 자동화된 시스템을 갖추어 높은 생산성을 확보
- 자동화 된 생산시스템을 도입하여 생산 및 가공비용을 절감함으로써 가격경쟁력 상승

▶ 조생, 중생, 만생 등 11종류의 녹차 품종으로 블렌딩, 효율적인 작업관리 추진
- 여러 품종으로 소비자들의 기호에 맞는 상품을 생산하며 차밭 관리와 수확 때 노동력 분산이 가능

▶ 생산이력추적관리, GAP 인증으로 대기업과 파트너로서 입지를 구축하고 있으며 다양한 녹차 가공상품을 판매
- 인증을 통한 신뢰 제고와 균일한 생산관리 체계를 갖추어 대량으로 공급할 수 있어 대기업들로부터 공급요청이 쇄도

▶ 사천 내 여러 문화체험과 연계한 다자연문화센터와 체험관을 완공하여 관광객 유치
- 지역 내 관광자원을 활용하여 관광 프로그램을 개발하고, 코레일과 연계하여 테마관광단지를 조성하여 '다자연 페스티벌'을 개최하는 등 관광소득원 창출

다자연 녹차밭

다자연 녹차 티백 상품

사업성과 › 시장 경쟁력 확보와 녹차문화단지로의 도약

▶ 자동화 생산시스템으로 높은 생산성 유지, 인건비 절감 효과 획득
– 채엽기 3대로 하루 5ha에 달하는 면적을 수확해 연 30일 정도면 채엽 완료
– 사람의 손으로 수확할 때 드는 비용 16억 원(일당 4만 원×연간 4만 명) 절감

▶ ISO9001 및 ISO14001 등 국제품질기준을 확보하여 독일, 중국, 몽골로 수출하고 있으며 캐나다, 호주, 동남아 등 진출 계획

▶ 다자연문화센터와 체험관을 설립하여 사천에서 체험할 수 있는 다양한 아이템으로 방문객 수 증가
– 녹차체험을 비롯한 곤충체험, 비누 만들기, 염색체험 등 다양한 프로그램을 운영하고 있으며 미술품 전시회에만 2천여 명이 방문
– 시·도 교육청, 어린이집과 교류를 통해 학생들의 방문 증가 추세

▶ 고급화 된 다양한 가공상품 품목을 갖춰 문화센터 내 직영판매장과 홈페이지, 홈쇼핑을 통해 판매

▶ 코레일과 연계한 '다자연 관광코스' 개발, '다자연 페스티벌', '마사회가 지원하는 승마체험' 등을 통해 지역경제 활성화와 농가소득 증대에 기여

다도교육

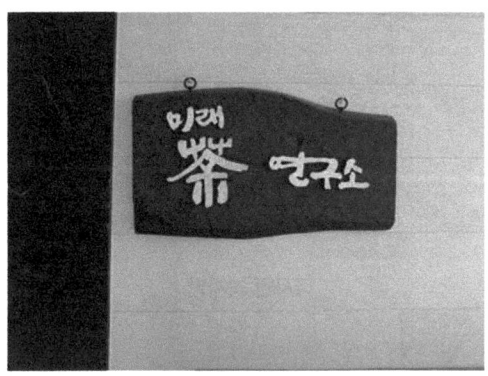

다자연 차 연구소

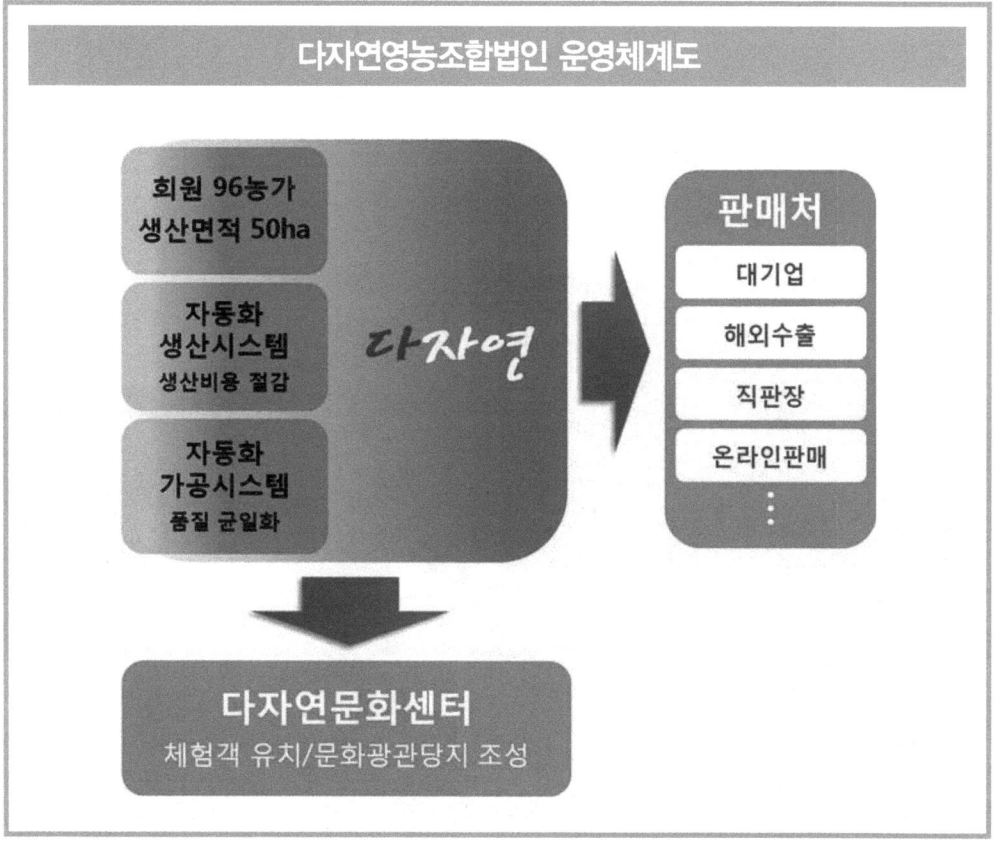

'다자연영농조합법인'의 나아갈 길

- 하동, 보성녹차에 비해 낮은 브랜드 인지도를 만회하기 위해 관광특구를 조성하여 관광객 유치

- 생산에서 체험까지 체계적인 운영시스템을 갖추어 성장하고 있지만 냉해피해, 네트워크 형성 등의 어려움이 존재

- 높은 생산성을 달성하기 위해 지속적인 품종개량과 최적의 묘목을 개발하기 위해 노력

06 1차 생산물의 변신으로 부가가치 창출
농업회사법인 매봉합자회사

전국 최대 양파 생산지역인 무안군에 위치한 매봉합자회사는 양파가공과 적극적인 마케팅을 통해 전국 25개 공동마케팅 조직 가운데 가장 큰 규모와 매출 상위를 차지하고 있는 건실한 농업회사법인이다.

법인명 농업회사법인 매봉합자회사 위치 전라남도 무안군 일로읍 지장리 85-5 대표자 박희춘
설립연도 1996년 주요품목 양파, 배추, 마늘 연매출 199억 원(2010년) 농가수 114농가
인증내역 2006 GAP관리시설 인증, 2007 ISO 9001 및 14001 인증 홈페이지 www.maebong.kr
전화번호 061-283-2003

사업현황 | 품질관리, 신상품 개발, 물류효율화를 통한 시장경쟁력 확보

▶ **농가는 생산, 법인은 유통·마케팅, 확실한 역할분담체계가 장점**
- 1990년대 말, 농산물 유통이 도매시장 중심에서 점차 소비지 중심으로 전환되면서 생산자 중심의 산지 규모화가 요구되던 상황
- 특히, 양파, 마늘 등 양념채소류는 수급조절이 매우 중요한 품목으로 원활한 유통을 위해서는 농가를 기반으로 한 사업체가 필요
- 소비자 기호 변화에 빠르게 대응하기 위해 친환경 안전·안심 농산물 생산에 주력

▶ **철저한 품질관리를 통한 신뢰확보**
- 국립농산물품질관리원 기준을 적용하여 양파, 마늘, 배추의 상품화 작업 실시
- 선별과정에서 품질은 우수하나 외관이 떨어지는 농산물은 전처리(깐양파, 깐마늘, 절임배추 등) 상품화 하고, 결점과는 과감히 배제
- 세척과정을 거친 진공포장 등 생산, 상품화, 가공, 출하의 모든 단계에서 품질관리
- 비중이 큰 수도권 출하물량은 영업소장을 별도 배치하여 시장상황을 수시로 점검할 수 있도록 함

▶ **물류 효율화와 신상품 개발을 통해 시장경쟁력 확보**
- 자체 저온저장시설의 효율적 운용을 위해 양파, 마늘 저장 후 겨울배추를 저장하고, 비수기에는 저온저장시설을 관내 다른 산지 유통조직에 임대하여 시설 활용
- 적재 및 팔레트 단위 작업을 통해 작업효율 증가
- 도매시장으로 진공포장한 깐양파를 출하하여 도매시장에 대한 마케팅 전략의 변화 시도
- 유통기한이 10일이 넘는 깐양파를 개발하여 소비시장 니즈에 선제적 대응

깐양파 자동화 시설

절임배추 시설

사업성과 | 효율적 생산과 적극적인 마케팅으로 경제적 효과 극대화

▶ 생산단지의 규모화를 통한 거래교섭력 확보 및 가공사업 확대를 통해 경제적 효과를 높임
- 대규모 생산단지 및 규모화 된 물량을 바탕으로 국내 유통의 수급조절이 가능하고 국내가격 안정화를 위해 수출을 실시
- 원물 생산·유통에서 1, 2차 가공사업으로 확대하여 매출액 10% 증대
- 부가가치 창출을 위한 가공사업 확대를 위해 신제품 2종을 개발
- 대규모 소비지인 서울에 사무소를 운영하여 소비자 니즈를 충족시켜 클레임 발생을 30%이하로 줄임

▶ 매취가격 증대를 위한 다양한 형태의 상품화와 마케팅 전략을 통해 농가의 수취가격 제고
- 매봉농업회사법인이 취급하는 품목의 특성상 매취가 높기 때문에 농가의 매취가격 증대를 위해 상품화와 마케팅에 집중함으로써 판매활성화를 도모하고 판매가격을 높여 역으로 농가의 매취가격을 높이는 전략을 취하고 있음
- 판매활성화 → 판매가격 증대 → 농가소득 증대 → 안정적 원물확보

▶ 양적확대를 넘어서 사회적 기업으로 도약하기 위해 '전라남도형 예비 사회적기업'에 선정되어 지역 환원 사업 추진(2010년)
- 지역인력의 추가적인 고용 가능(8명/년 추가 고용)
- 중·고등학교 장학금 지급, 화재 없는 마을 만들기 참여 등 지역 환원적 회사로 이미지 제고

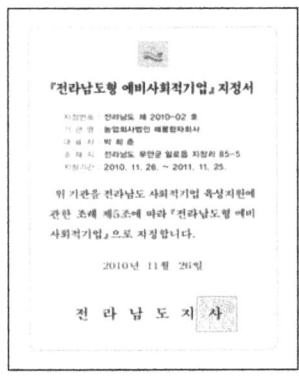
예비 사회적 기업 지정서

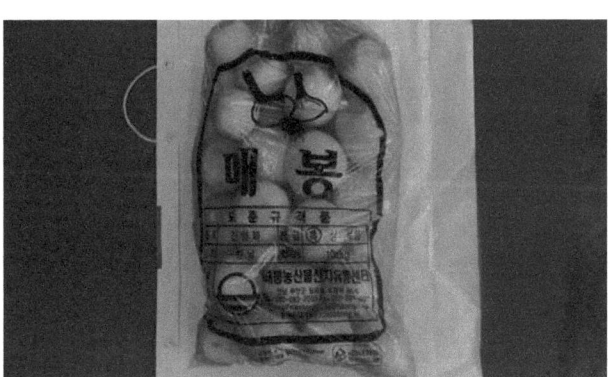
도매시장 깐양파

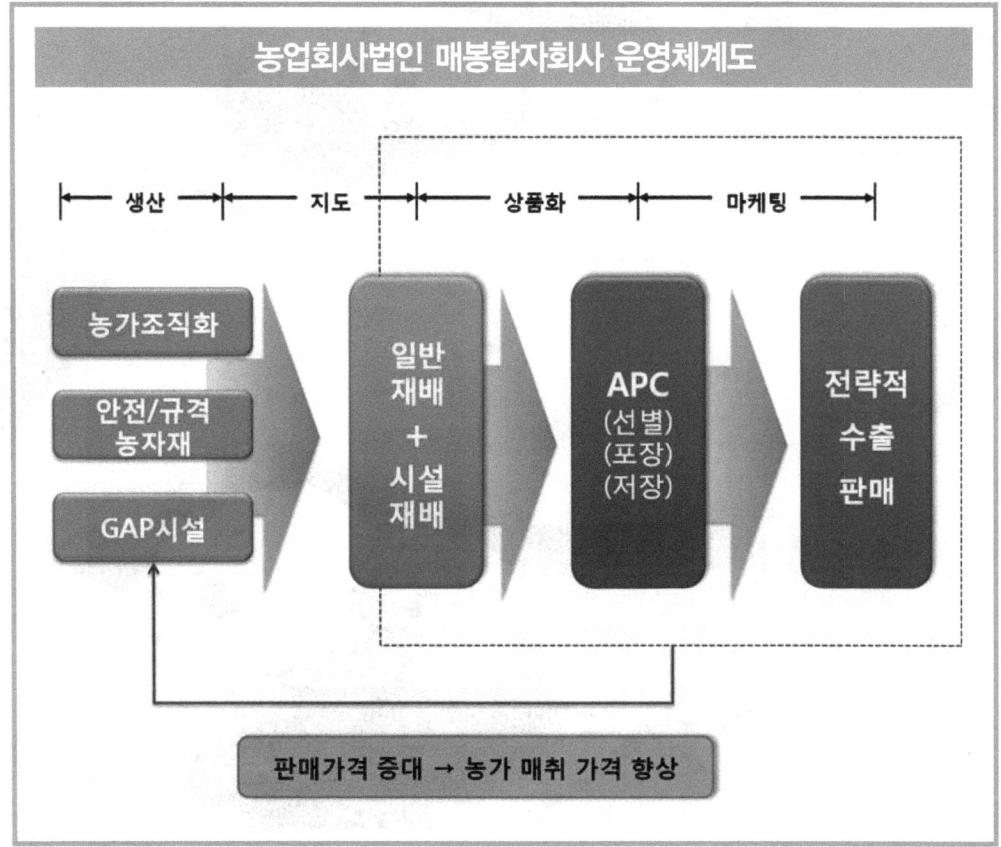

'농업회사법인 매봉합자회사'의 나아갈 길

- 수급안정을 위한 수출국 확대와 대형 가공업체 납품 확대
- 사회적 기업으로서 보다 적극적인 환원적 사업 추진 필요
- 직원들의 업무능력 및 소속감 증대를 위한 기업환경 개선 노력
  - 농업계 근무자들의 경우 잦은 이직으로 인해 역량 있는 직원확보가 어려움, 이를 해결하는 것이 급선무

07 천년의 향기를 담은 명품 차(茶)
청태전영농조합법인

야생차의 숨은 보고, 전라남도 장흥에서 우리 전통차인 '청태전' 복원에 심혈을 기울이고 있는 청태전영농조합법인 전통방식 그대로 고집스럽게 만든 다양한 발효차로 국내뿐만 아니라 해외에서도 우리 전통 차의 위상을 드높이고 있는 효자 농가이다.

법인명 청태전영농조합법인 **위치** 전라남도 장흥군 안양면 기산리295 **대표자** 장내순 **설립연도** 2008년 **주요품목** 발효차(청태전) **연매출** 1억2천만 원 **농가규모** 5농가, 100ha **수상경력** 2008, 2011 세계 녹차 콘테스트 '최고 금상' 수상 **인증내역** 2010 청태전거점농가지정, 2010 전라남도지사 지역명품인증, 2010 행안부 마을기업 자립형공동체 지정, 2011 노동부 지역일자리창출교육장 지정, 2011 유기가공식품인증, 2011 농림수산식품부 우수체험공간 지정 **전화번호** 061-862-8958

사업현황   전통 발효차(청태전) 복원을 통해 지역 농특산물 명품화 추진

▶ '세종실록지리지'에 실린 차의 고장 장흥, '대동지리지'에도 장흥차의 우수성 기록

- 고려시대 차를 제다했던 다소(茶所) 19개소 중 13개소가 전라남도 장흥에 위치
- 청태전 원료는 100% 야생차가 사용되며, 선조들의 제다방법을 복원하여 제조함으로써 차의 효능과 문화 전승에 노력

※ 발효차란? 찻잎을 채취하여 가마솥에 넣어 찐 다음 절구로 빻아 성형 틀에서 모양을 만들고 예건 → 건조 → 상품화 과정을 거침

▶ 청태전 명품화 사업은 농업기술센터의 체계적인 추진으로 사업의 기틀을 마련하고 상품화·관광·체험사업 연계로 고부가가치 산업으로 성장

- 농식품부의 향토산업 육성사업 지원으로 사업추진단 구성 및 운영, 전문가 네트워크 구성, 교육, 연구 등으로 발효차의 명품화 및 지속 성장 도모
- 농촌진흥청 지역특성화 사업을 기반으로 청태전 복원사업 계획 및 산·학·연·관 협력체계 구축, 청태전 장·단기 프로젝트의 시초 마련
- 100ha의 야생녹차단지를 통한 안정적인 생산기반 구축과 표준화된 가공상품 매뉴얼, 공동 판촉 및 홍보, 다양한 체험 및 야생차 청태전 길 탐방 연계

▶ 사업단 중심의 법인 결성 후 공동생산·마케팅 추진, 관내 연구기관(한방산업진흥원) 연계 제품개선, 기술표준화 등 추진

- 평화다원, 장흥다원, (주)제이비티 등 7개 업체 참여
- 무농약, 유기농 재배를 통한 안전성 확보, 수제 제조과정을 통해 차별화 및 일자리 창출
- 지역 연구기관과 공동연구를 통해 실질적 협력관계를 형성하고 전국의 차 명인들의 재능기부를 통한 인적 네트워크 구축

청태전 건조

청태전 차

사업성과 | 다원-마을 연계를 통한 상생협력 및 자생력 강화

▶ 현대화된 체험장과 가공시설 구비, 마을 10여 개 농가와 계약재배를 통한 안정적 원료 확보는 물론, 찻잎 채취·가공 등에 마을 인력 조달

▶ 계절별로 생산되는 농작물 및 자연자원을 활용한 체험 프로그램 운영으로 농식품부의 '식생활 체험공간' 지정
 - 봄철 : 야생차, 꽃차(매화,목련), 약차(쑥, 민들레, 꾸지뽕)만들기, 여름철 : 연밥, 장아찌(연, 녹차)만들기, 가을철 : 효소(오미자, 솔잎, 연)만들기, 텃밭체험, 겨울철 : 고구마 굽기 등

▶ 다도 최고경영자과정, 전통음식교육과정 등 자격 인증을 통해 장흥 교육청과 MOU체결 후 학생체험 교육장으로 활용
 - 다식, 떡케이크, 약떡, 양갱, 정과, 약과 등 다양한 전통음식 체험과 가족단위 체험객에게 인기 있는 녹차피자, 녹차 초콜릿, 연밥 만들기 등 운영

▶ 우리 고유문화를 보존하고 조상들의 슬기로운 지혜와 예법을 익히는 전통문화 체험을 특화 (마을 이장이 별도 체험운영)
 - 다례(茶禮)체험(차로서 예(禮)를 행함), 배례(拜禮)체험, 전통팔문장 문학체험(조선 중기 팔문장 중인 백광훈등 마을에서 배출한 문장가 생가 체험)

▶ 마을 어르신들의 지혜와 솜씨를 뽐내고 내방객과 함께 하는 공예체험 프로그램을 마련하여 마을과 공생·공존하고 협력하는 구조 완성
 - 대나무 숯 부작, 한지·향초·자수·목공예 프로그램과 천연염료를 이용한 옷 만들기, 쌀독 만들기 등 마을어르신의 일손을 빌려 운영

찻잎 수확

천연염료 체험

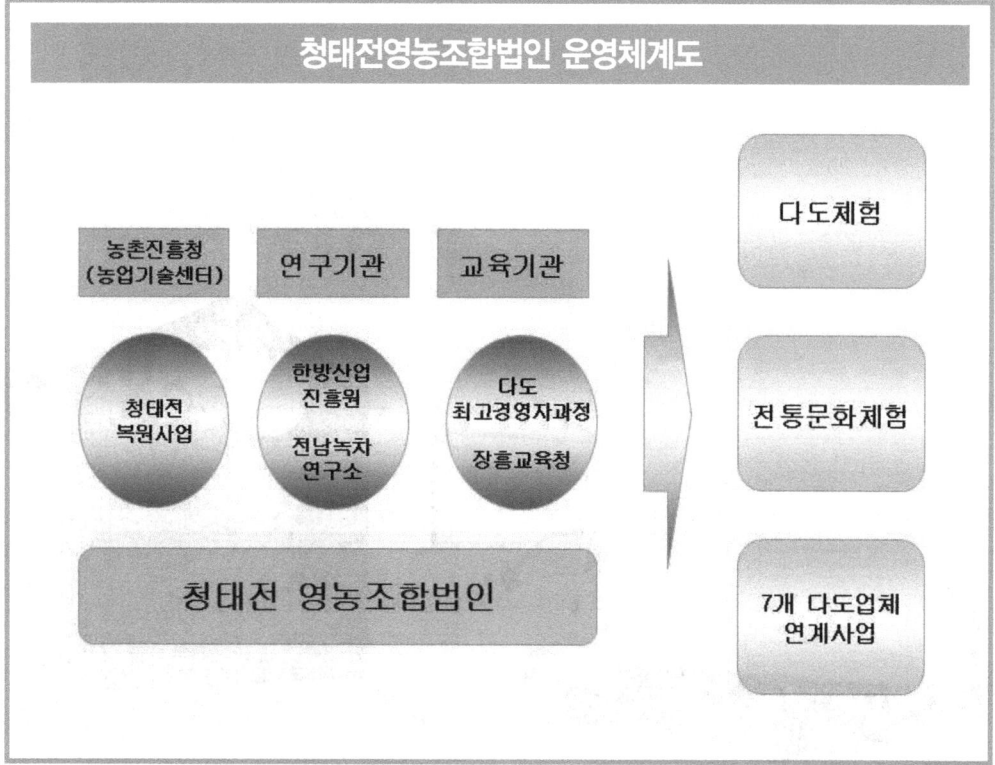

'청태전영농조합법인'의 나아갈 길

- 야생찻잎의 안정적 수급을 위한 자생단지 관리, 전문 제다인력 양성체계 미흡
- 산에서 자생하는 야생차의 특성상 칡덩굴, 주변잡초, 기후 등의 영향에 따라 수확량이 좌우되어 체계적인 관리가 필수
- 슬로시티 장흥군의 문화관광자원과 연계하여 청태전의 고급 이미지를 구축하고 상호 시너지효과 발휘

친환경, 그 이상의 가치를 만들다
철원 친환경영농조합

철원 '친환경영농조합'은 친환경 농산물이 생소하던 1986년, 양춘수 대표를 중심으로 6인의 농업인이 '친환경원예작목반'을 시작하여 규모와 품목의 확대를 통해 성장한 농업 기업이다. 현재 375농가, 720ha의 경지면적을 보유하고 있으며, 다양한 제품 생산과 개발, 판로 개척을 통해 선도적인 6차 산업화를 이루고 있다.

법인명 철원 친환경영농조합 위치 강원도 철원군 동송읍 오덕리 818-1 대표자 양춘수 설립연도 2002년 주요품목 친환경 농산물(미곡, 잡곡, 특작, 과일, 채소 등), 가공식품 장류, 김치 등 연매출 약 40억 원 농가수 종업원 13명/조합원 375농가 수상경력 2009 농업인의 날 은탑산업훈장, 2007 대한민국우수특산품 대상, 2007 노하우및우수영농일지 공모전 최우수상, 2007 전국친환경농산물품평회 은상 외 다수 인증내역 우수농산물(GAP)인증, 국내유기가공인증, 일본유기인증, 미국유기인증, 유럽유기인증 외 다수
홈페이지 http://www.ceac.co.kr 전화번호 033-456-0122

> **사업현황** 일자리창출 등 지역사회에 기여하는 예비사회적기업 지정

▶ **친환경 농가들의 품목별 작목반 구성, 체계적인 조직화·규모화로 기업의 경쟁력 제고**
- 계약재배 실시로 농가별 재배작물 분산을 유도하고 다양한 농산물 생산으로 농가들의 안정적이고 높은 수익 창출에 기여
- 전체 친환경 회원 농가들을 대상으로 기술 향상과 유통소식 정보지를 발행·보급하고 농업인 교육을 실시해, 관내 친환경 농업을 확대, 기술 보급에 힘씀

▶ **가공시설 구축과 가공식품 개발로 고부가가치 실현, 다양한 판로를 통해 안정적인 수익 창출**
- 2006년 '친환경종합시범단지', 2009년 '지역농업특성화사업'을 통해 종합가공센터를 설립·확장하여 가공식품 생산과 지속적인 개발을 위해 노력
- 올가 등 유기농매장, 이마트 등 대형유통업체뿐만 아니라 학교급식 납품, 전문매장, 인터넷 판매 등 판로의 다양화를 통해 안정적인 수익 창출

▶ **체험관광 행사, 시설 구축을 통해 친환경 농산물 홍보와 지역 관광 활성화에 기여**
- 손모내기, 우렁이 방사 등 연간 15회, 약 2천여 명의 소비자를 대상으로 농촌체험 행사를 진행하여 홍보 활동 진행, 소비자와의 유대감 형성
- '철원 친환경농산물 전통테마파크'를 운영하여 홍보 활동을 펼치고, 지역 관광 상품과의 연계로 시너지 효과 창출 기대

철원 친환경영농조합법인 상품

| 사업성과 | 친환경 농가 조직화를 통한 신성장 모델 제시 |

▶ 지역 농가들의 안정적인 영농체계를 구축하여, 농가들의 소득 안정화와 지역 경제 활성화에 기여
  - 720ha 규모의 생산면적에서 4,800톤 규모의 농산물을 생산하여 연 40여억 원의 매출 달성 (2012년)
  - 375개 회원 농가와의 계약재배를 통해 농가소득 안정화에 일조하고, 품목 다양화를 통해 높은 수익을 창출

▶ 친환경 농산물의 고급화와 가공농산물 개발을 통해 고부가가치 창출
  - '대한민국에서 제일 비싸고 맛있는 쌀'을 표방하는 '밀키퀸', 쌀겨를 활용한 '라이스브랜' 효소 제품 등, 40% 이상의 마진율로 높은 부가가치를 창출한 것은 물론, 우수한 품질을 통해 고급 농산물 시장을 선도

▶ 판로와 제품구성의 다양화를 통해 안정적인 사업운영
  - 풀무원 올가(25%), 롯데마트(10%), 이마트(10%)와 같은 대형유통업체 및 학교급식(25%), 인터넷 판매(5%), 기타 친환경 전문매장(10%) 등의 다양한 판매처 확보
  - 친환경 쌀겨를 가공한 '라이스브랜' 상품을 통해 미국시장으로 수출 기반 확보(2009년, 트루월드사와 100만 달러 상당의 수출 협약 체결)

철원 오대쌀 식이섬유 수출

철원친환경영농조합 학교급식센터

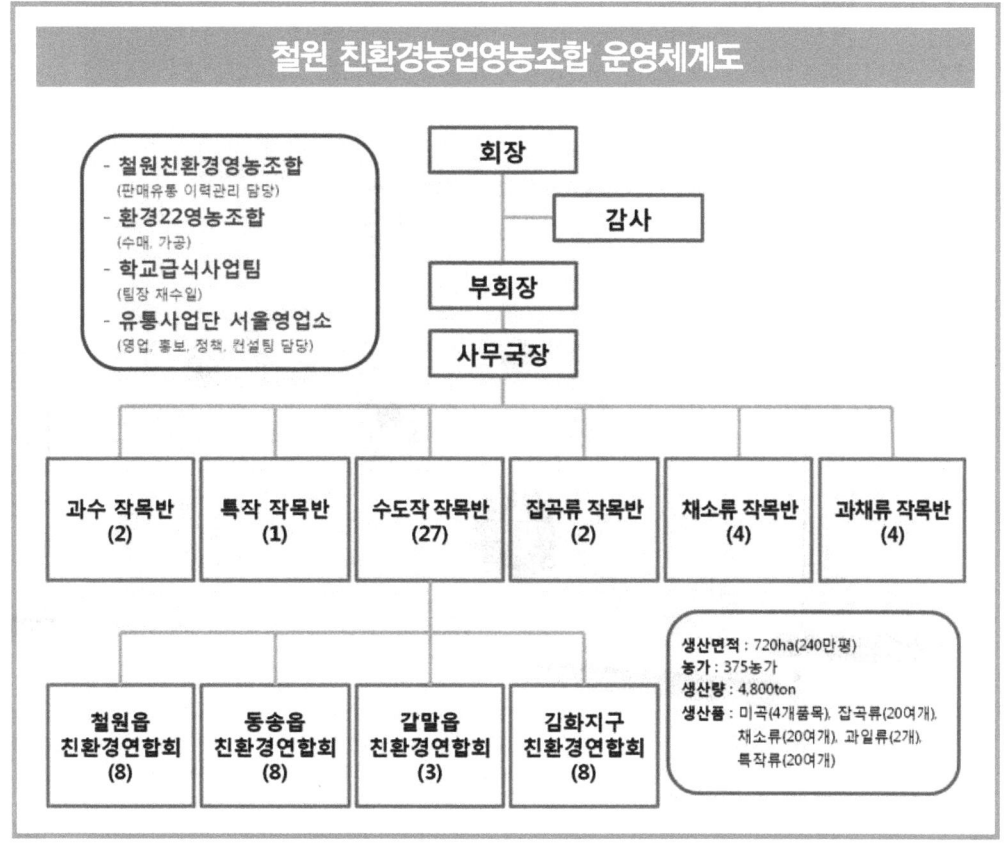

'철원 친환경영농조합'의 나아갈 길

- 현재 기능성 식품인 효소 제품의 식감향상과 섭취의 용이성을 위해 연구 중이며, 다양한 상품 개발 중
- 친환경 농업을 전파하고 조합 회원 증대 계획, 조합의 성장과 더불어 지역 경제 활성화에 대한 기대
- 친환경 교육장과 테마파크 등을 활용한 홍보, 체험·관광 상품의 지역 관광 상품과의 연계를 중점으로 하여 콘텐츠 확보에 노력하고자 함

09 여성의 섬세함으로 꽃을 수놓다
고양시 압화연구회

고양시 농업기술센터에서 실시하는 압화반 교육수료자로 구성된 압화연구회는 압화 일자리 창출을 위해 활동하는 단체이다. 지역에서 생산되는 화훼를 이용한 압화 상품 개발, 체험활동을 통해 6차 산업을 실현하였다. 매년 고양세계압화공예대전을 성공적으로 주관하고 있으며 사업체 운영으로 매년 1억2천만 원의 소득을 창출하고 있다.

연구회명 고양시 압화연구회 **위치** 경기도 고양시 덕양구 고양대로 1695 **대표자** 신재원 **설립연도** 2001년 5월
주요품목 아크릴 상패·명패, 장신구, 가구, 생활용품, 팬시용품 등 **연매출** 1억2천만 원
회원수 42명(화훼농가 : 5농가) **수상경력** 2012 대한민국압화대전, 종합대상(대통령상), 2012 고운압화대전, 종합대상(산림청장상), 2013 고양세계압화공예대전 종합대상(고양시시장상) **인증내역** 2007 특허 제 10-0693268호, 아크릴을 이용한 압화제작 방법 및 아크릴 압화, 2013 특허 제 10-1256575호, 연근 또는 표고버섯을 이용한 액세서리 및 그 제조방법 **전화번호** 031-8075-4305

사업현황 | 공공기관의 지속적인 관심으로 화훼 가공 산업 활성화

▶ 화훼류 가공을 통한 지역 여성들의 삶의 질 향상, 일거리 창출을 위해 '압화연구회' 조직
- 2001년 여성농업인의 농한기 취미활동을 통한 삶의 질 향상과 화훼산업 융복합을 위해 생활개선회원을 중심으로 압화반 구성
- 2007년 교육수료자를 대상으로 압화연구회 조직, 압화 상품의 생산·개발·판매를 통해 소득 및 일자리 창출

▶ 농촌진흥청·농업기술센터의 소재개발 지원사업과 고양시 화훼 대표품종 개발을 통해 압화 산업의 기틀 마련
- 지역 화훼농가와 계약재배 및 2009년 압화소재생산시범사업, 고양레이디(장미) 품종개발을 통해 다양한 압화 소재 확보의 어려움 해소
- 2011년 경기도와 농촌진흥청의 지원으로 지역농산물을 이용한 연근·표고버섯 장신구 '연인(연in)/표고인(표고in)'을 출시하여 'Farm Craft' 브랜드개발, 특허출원 완료

▶ 농업기술센터는 교육세분화와 '고양 세계압화공예대전'을 통해 압화 제작기법을 향상시키고 일거리 창출, 압화 대중화에 주력
- 전문강사 육성과 벤처창업을 위해 교육과정을 세분화하고, 벤처창업활동 지원 사업을 운영

▶ 효율적인 업무분담을 통해 안정적 사업운영
- 농업기술센터에서 매년 압화 상품을 개발하고 있으며, 압화연구회와 더불어 교육 및 행사, 상품생산·판매·체험 등 업무를 분담하여 운영

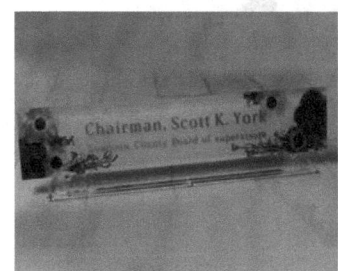
명패

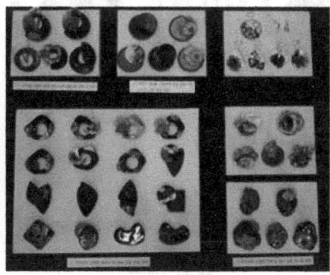
악세사리

가구

> **사업성과** 상품개발·판매·체험·일자리 창출이 어우러지는 고양 세계압화공예대전

- ▶ 압화 홍보를 위해 전국 압화공모전에 참여하여 2012년 대한민국압화대전 종합대상, 2013년 고양 세계압화공예대전 종합대상 등 최고상 수상

- ▶ 고양 국제꽃박람회, 선인장산업전 등 국내행사뿐만 아니라, 동경 국제플라워 엑스포, 독일 에센국제원예박람회 등 외국박람회에 참가하여 한국 압화의 위상을 드높임
  - 2007년 우즈베키스탄 타슈켄트 국립예술센터에서 고양압화 2백점을 전시판매하는 등 한국 압화 발전에 기여

- ▶ 2010년부터 압화연구회 사업체 운영을 통해 매년 1억2천만 원의 소득 창출, 연구회원들이 창업한 총 4개 업체에서 수료자 인력을 활용하여 일자리 창출
  - 플라워 인 그린, 플라워 인 블루, 에스키스, 고양 세라워크에서 최소 2~3명의 인력을 사용하며 노하우 전수 등 또 다른 창업 기회 제공

- ▶ 아이디어 상품 개발을 위해 2007년부터 매년 고양 세계압화공예대전을 주관하여 전시뿐만 아니라 액세서리 판매, 압화 체험 프로그램을 운영하여 방문객의 만족도를 높여 지속적인 매출 성장을 이룸
  - 다양한 볼거리를 제공하고, 아이디어 공유의 공간으로 활용되며, 액세서리 등 상품판매뿐만 아니라 압화 소재판매로 또 다른 수익창출 실현
  - 액자, 목걸이 만들기 등 다양한 체험 프로그램을 운영하여 체험객의 만족도를 높임

행사장　　　　　　　　압화 체험　　　　　　　　외국인 체험

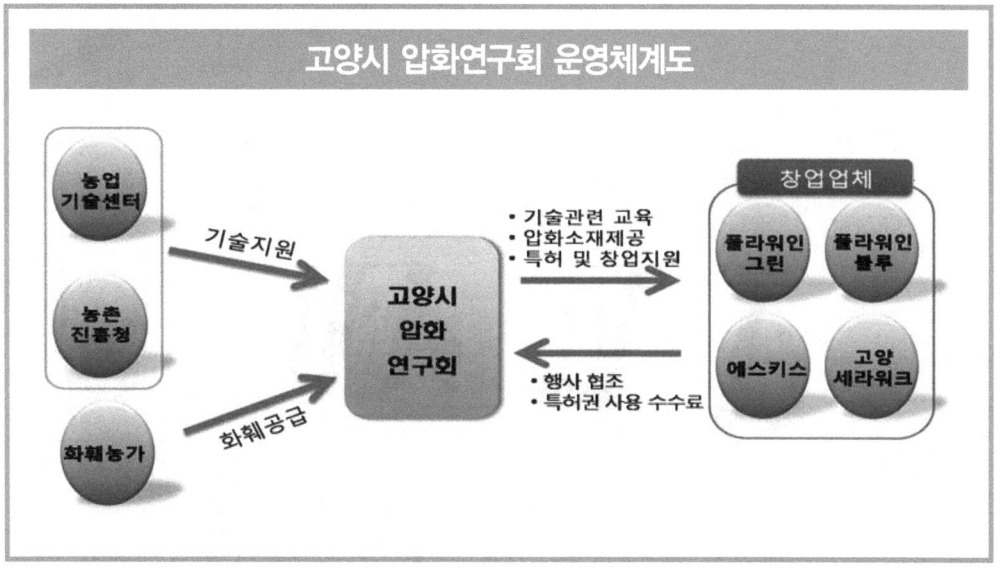

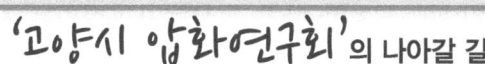

'고양시 압화연구회'의 나아갈 길

- 금속공예, 칠기법, 한지 공예, 상품디자인 등 다양한 산업기술 관련 교육프로그램을 바탕으로 고양시 압화연구회만의 독창적인 상품 개발이 필요

- 지역 화훼농가와 연계한 테마파크 조성으로 압화 공예품 전시 및 판매·체험 공간으로 활용하여 농업인의 소득증대는 물론, 화훼 소비 확산을 위한 방안 강구

- 공공기관 등 한정된 판매처에서 벗어나 다양한 구매층을 형성하기 위해 홈페이지 및 SNS를 활용한 적극적인 판촉활동 필요

지역 농업의 활기를 불어넣다!
함양 농산물가공협회

경상남도 서북부 산간지대에 위치한 함양 농산물가공협회는 지리적 한계를
극복하고 농산물 가공을 통한 부가가치 창출을 위해 2009년 조직, 지역 농산물을
원료로 제품을 만들고, 효율적인 마케팅으로 높은 성과를 이끌어낸 우수
단체이다. 지역경제의 활성화에 기여하는 등 지역 농업 회생의 일등공신으로
평가받고 있다.

법인명 함양 농산물가공협회 위치 경상남도 함양시 함양읍 한들로 139 (용평리 630-3) 대표자 최은아
설립연도 2009년 주요품목 떡류, 장류, 액즙류, 다류, 주류 등의 지역 농산물 가공품 연매출 500억 원
농가수 22개 업체 수상경력 2010 한국외식산업식자재박람회 대상, 2012 한국외식산업식자재박람회 금상,
2013 국제외식산업식자재박람회 대상 인증내역 HACCP 인증업체 4개소 전화번호 055-960-4638

사업현황 - 다양한 지역 농산물을 활용한 가공식품 사업에 집중

▶ 2009년 8월, 함양군과 지역 내 가공업체의 참여로 농산물가공협의체 구성
- 경쟁력 있는 가공식품산업의 육성과 다양한 가공업체 신·증설, 체계적인 행정관리를 통한 Win-Win전략으로 지역경제 발전 모색
- 현재 22개 회원사가 활동 중이며, 지역농산물을 원료로 떡류, 다(茶)류, 장류 등 다양한 가공식품을 생산·판매

▶ 관내 농산물 생산자와 연계, 적극적인 공동 홍보·마케팅 활동
- 관내 1백여 개 작목반, 2천여명의 농민들과 계약재배를 통해 가공식품의 원료가 되는 농산물의 안정적인 판로 제공, 수급 실현
- 박람회, 전시회 등에서 소규모 출품으로는 홍보효과가 미흡하므로, 공동으로 전시관을 구성하고 주기적으로 참가함으로써 규모화된 홍보활동 전개

▶ 각종 지원을 활용하여 가공 특화사업 추진
- 농촌진흥청(특화작목 육성사업, 지역농업 특성화사업, 농식품 판촉활동 지원 등)과 도·시군 기관 사업지원을 통해 가공사업 특화 진행
- 2010년 함양군 서상면에 '농산물 종합가공센터'를 설립하여 관내 농산물 가공업체에 대한 기술지원과 교육공간으로 활용하고 홍보관을 설치하여 제품 전시

실습교육

농식품 관련 전시회 참가

사업성과) 농산물 가공산업으로 지역경제 견인

▶ 공격적인 마케팅을 통해 함양의 가공식품을 크게 홍보하고, 다양한 제품군을 통해 매출 신장

- 2010년 한국외식산업식자재 박람회' 대상, 2012년 '한국외식산업 식자재박람회' 금상, 2013년 '제4회 국제외식산업식자재박람회' 대상 등 다양한 수상으로 제품 신뢰도 향상
- 떡류, 다류, 장류, 일반가공식품 등 다양한 가공식품 제품군으로 협회 회원사 상위 10개 업체의 연 매출액 합계 500억 원 달성(2012년)
- 홈플러스, 이마트 등 대형유통업체는 물론 각종 프랜차이즈, 학교급식으로 납품하고 있으며, 협회를 중심으로 중국 심양에 함양군 농식품 판매관 개관

▶ 지역 농산물을 원재료로 활용함으로써 지역 농가의 수익, 경제 활성화에 기여

- 지역 내 100여 개 작목반, 2천여 명의 농민들과 계약재배를 통해 안정적인 원재료 수급, 농가에 판로 제공
- 2012년 22개 협회 회원사의 지역 농산물 구매액은 약 300억 원 가량으로 지역경제 활성화에 일조
- 농산물 가공센터를 통해 전문가 네트워크를 구성 및 운영
- 가공기술과 경영 등의 창업보육 프로그램을 운영하여 종합적인 지원체계 구축
  (창업 12개소, 창업코칭 16개소, 특허 등록·출원 4건, 상품화 지원 9건)

가공시설

현장견학

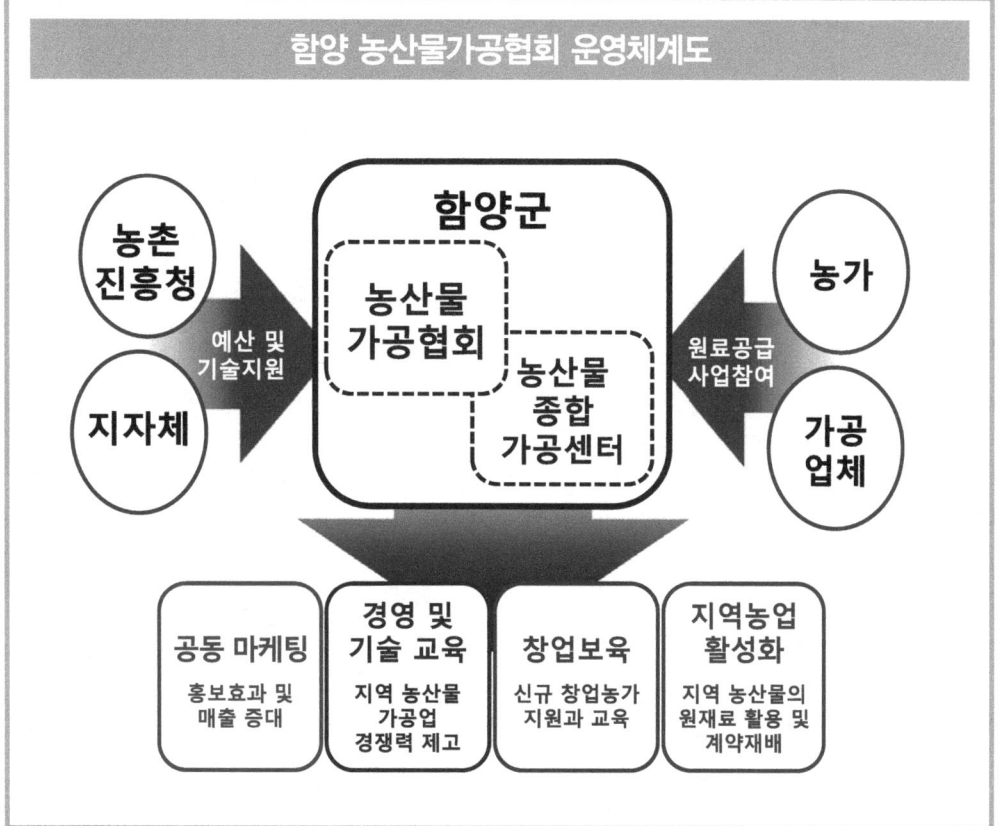

'함양 농산물가공센터'의 나아갈 길

- 지역 내 선도가공업체와 후발가공업체 간의 경영 노하우 교류 및 더욱 체계화된 사업 진행을 위해 법인 등록 준비 중
- 농산물가공센터에서 개발, 교육은 물론 가공사업 창업을 지원함으로써 추후 신규 업체를 통해 협회의 규모 확대 가능성 증대
- 지역농산물 브랜드화를 통한 식재료 및 농산가공품에 대한 외식프랜차이즈 업계와의 거래교섭력 강화 및 안정화

part 02

관광·체험중심형 우수 사례

Rural Development Administration

대한민국 대표 장맛, 고추장이 맛있게 익어가는
순창 고추장익는마을

순창고추장이라는 지역의 유명브랜드를 활용하여 고추장 만들기, 전통 떡볶이 만들기 등 다양한 체험활동을 펼치고 있는 순창 '고추장익는마을'. 이를 통해 체험객 유치에 성공하여 마을 및 지역경제 활성화를 이끌어냈다.

마을명 순창 고추장익는마을 위치 전라북도 순창군 구림면 안정리 343번지 대표자 최광식 설립연도 2002년
주요품목 고추, 감자, 애호박 등 연매출 2억7천만 원 농가수 27농가 수상경력 제2회 팜스테이마을 대상
지원사업 2002 녹색농촌체험마을, 2003 팜스테이마을, 2010 농어촌휴양마을
홈페이지 www.gochujangvillage.com 전화번호 063-653-7117

사업현황   판로개척의 어려움, 농촌체험마을로 극복하다

▶ **농지가 부족한 산골마을의 지리적 한계와 이농현상의 심화로 마을 구성원이 줄어들어 새로운 수익사업 모델 필요**
- 지역 특성상 삼면이 산으로 둘러싸여 있어 농지가 부족하고, 농가수도 30가구 이하로 급격히 줄어들어 새로운 사업모델 필요, 지역 고추장 브랜드를 활용한 체험사업 실시
- 2002년 체험장을 시작할 때는 시설과 경험부족으로 찾는 이가 거의 없었으나 2006년 주민들이 6천만 원을 출자해 숙박시설을 짓고 체험객을 맞이하면서 변화
- 이후 방문객이 증가하고 마을에서 생산하는 상품을 지속적으로 구매하는 소비자가 늘면서 판로확보 및 농가소득 증대를 이룸

▶ **다양한 체험 프로그램으로 농촌체험마을 인증 획득, 자매결연 등을 통해 지속적인 체험객 유치**
- 녹색농촌체험마을, 팜스테이 마을 인증 및 농어촌휴양마을로 지정, 체험을 위한 기본적인 시설확보는 물론 유지·보수가 가능한 기반 구축
- 총 16개교와 1교1촌 자매결연을 맺고, 전투비행단, 서울예술가족 등과 1사1촌을 맺는 등 자매결연을 통해 지속가능한 마을 성장 추구

▶ **2006년 마을주민들의 자발적 참여로 영농조합법인을 설립하고, 출자금을 마련하는 등 보다 안정적인 운영을 위해 마을 주민 모두가 합심하여 노력**
- 지리적으로 오지에 위치해 있기 때문에 숙박시설에 대한 수요가 많아 출자금 등으로 펜션 건립
- 순창고추장의 시원지가 주변에 있고 전통테마 체험장 등 고추장의 역사를 활용한 마케팅 전략으로 체험객 유치에 힘씀

다양한 조형물

1사1촌 선도마을

> **사업성과** 다양한 프로그램 및 체험시설로 소비자의 마음을 훔치다

▶ 체험 마을 10년 노하우로 소비자가 원하는 다양한 체험 프로그램 운영

- 마을 대표 프로그램인 고추장만들기 외에도 메주, 비빔밥 등 전통음식만들기와 생태체험(곤충·개구리 생태해설, 숲 해설 듣기 등), 공예체험(짚풀·나무공예 등), 문화체험(마을 해설 듣고 둘러보기 등) 등으로 구성
- 총 6개 파트, 19개 프로그램을 운영하고 있으며 1일 체험, 1박2일 체험 등 소비자 니즈에 맞는 다양한 구성을 갖춤

▶ 사업초기 체험객 유치에 어려움을 겪었지만 법인설립 후 매년 체험객이 늘어 현재는 지역 경제 활성화에 윤활유 역할 수행

- 법인설립 후 점차 체험객이 늘어나 2007년 7천여 명에서 2012년 3만여 명으로 증가
- 2008년 1억 원 수준의 매출에서 매년 꾸준히 증가하여 2011년 2억2천만 원, 2012년 2억7천만 원까지 소득수준 향상
- 지역에서 생산되는 상품을 직거래하기 때문에 농민들의 소득향상에 기여하고 타지역 농산물까지 계약재배를 할 만큼 지역경제 활성화에 이바지

▶ 순창지역 대표 특산물인 고추장을 활용한 체험농장으로 다수의 언론에 소개, 우수마을 지정으로 타 지역의 벤치마킹 대상으로 자리매김

- 전국 농촌에서 운영 노하우를 배우기 위해 꾸준히 방문하고 있고 마을의 우수성을 인정받아 제2회 팜스테이마을 대상 수상
- 우수마을로 알려지면서 매년 귀농 가구가 꾸준히 유입되고 있으며, 이를 통해 농촌고령화 문제도 일정부분 개선 여지를 보이는 것으로 나타남

팜스테이마을 대상

전통체험장

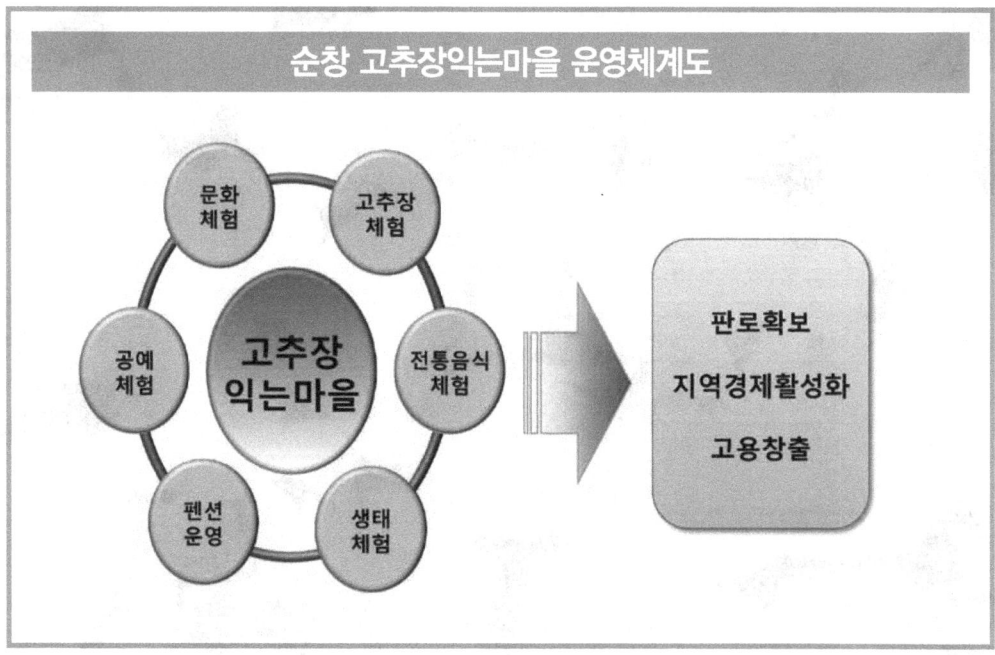

'순창 고추장익는마을'의 나아갈 길

- 지역의 우수한 리더를 통해 마을이 성장했지만 지속적으로 사업을 이어가기 위한 지역 리더 발굴이 중요함
- 매년 체험객이 증가하면서 숙박 수요가 늘고 있지만 현재의 시설(11동)보다 확충이 필요할 것으로 보임
- 현재 고추장 품목에 한정 직거래를 향후 마을에서 생산되는 다양한 품목으로 늘려 판매 상품을 갖추고자 함

청정 흙에서 싹튼 유기농업
남양주 송촌리 딸기체험마을

남양주 송촌리 딸기체험마을은 1995년부터 2006년까지 서울시 농협중앙회와 MOU를 체결하고 계약기간이 끝난 후 2008년부터 생산물 판매에서 체험으로 전환해 현재 100% 체험마을 형태로 운영하고 있다. 서울·수도권 근교의 이점을 살려 체험 프로그램을 가동하고 지역발전에 이바지하고 있다.

마을명 남양주 송촌리 딸기체험마을 위치 경기도 남양주시 조안면 송촌1리 714번지 운길산 유기농마을
대표자 주재동 회장 설립연도 2002년 주요품목 유기농 딸기, 유기농산물 가공품(잼류), 유기농 엽채류
연매출 5억5천만 원 농가수 25농가 인증내역 친환경 농산물 인증 홈페이지 www.ungilorganic.or.kr
전화번호 010-6618-8649

| 사업현황 | 지리적 특성을 반영한 신소득 창출 – 관광·체험 중심 6차 산업 |

▶ 수도권의 도농 복합도시인 남양주시는 서울 접근성이 매우 뛰어나며, 대부분의 지역이 개발제한구역과 상수원보호구역으로 설정되어 있어 청정한 자연환경 유지
  - 딸기 주산지에 비해서 기술력과 생산력이 떨어지지만 서울이라는 대도시 소비지 인근이라는 지역적 특성을 살려 '판매'보다는 '체험'으로 접근

▶ 경쟁력 확보를 위해 다양한 체험 중심 프로그램 운영·개발
  - 1차 농산물 생산에서 2차 식품 가공으로 부가가치를 높이는 트렌드에 따라 딸기를 활용한 가공·체험 등을 개발하는데 초점, 소비자 참여 프로그램을 적극 개발
  - 가족단위 딸기 체험을 한 고객들에게 김장 체험과 나물류(무침, 깻잎 짱아찌 등) 음식만들기 체험 등을 연계하는 새로운 형태의 체험학습 개발

▶ 주민들과의 협동 행사를 통한 지역 화합과 발전
  - 공동 체험 행사는 주민 가운데 체험 행사 진행이 가능한 사람을 고용
  - 체험 행사시기에 회의를 통해 예상방문객을 파악하고, 역할을 분담하는 등 유기적 구조로 운영
  - 조직체가 성장해가면서 딸기 이외에도 엽채류 농가와의 조화와 협동을 이루기 위해, 딸기 축제뿐만 아니라 마을 단위의 유기농 축제를 준비 중임

▶ 고집스럽게 지켜온 유기농, 기능성 딸기를 시도하여 안전한 먹거리 제공
  - 고객들의 안전한 먹거리 요구에 부합하여 유기농만을 고집, 폴리페놀 등 항산화 물질을 강화한 딸기 재배에 노력
  - 2011년부터 선도 농가 위주로 기능성 딸기 작목 재배를 시작, 고객들이 직접 수확하여 일손을 덜고, 고객은 싱싱한 농산물을 바로 얻을 수 있어 일석이조의 효과

유기농 딸기잼 선물 세트

딸기잼 만들기 체험 프로그램

사업성과 | 조직력으로 이뤄낸 유기농 마케팅

▶ **딸기 작목전환 후 생산성 증진, 체험활동 전개를 통한 조수입 증가**
- 딸기 주산지가 아닌 남양주의 판매여건을 고려할 때, 시장 직출하 대비 200% 수준의 소득 증진 효과 발생
- 상품성이 낮은 원물은 전량 딸기잼 만들기 등 체험활동에 사용함으로써 생산원물의 100% 상품화 실현, 체험 활동으로 부가가치 창출
- 체험 수요와 딸기 공급의 불안정을 극복하기 위해 지역 타품목 유기농 농가와 연계, 지역경제 활성화에 이바지함

▶ **입소문 마케팅으로 체험 고객뿐만 아니라 인터넷을 통해 찾아오는 신규 고객 증가**
- 2009년 홈페이지 신설로 인터넷, SNS, 여행사 등을 통한 고객확보와 지역 및 서울 동북부 어린이집을 상대로 체험 유치 마케팅을 통해 고객 확보

※ 여행사 연계 상품은 일정조정, 정산 등을 농협이 책임지고 있어 체험농가는 고품질 딸기 생산과 체험활동에만 전념할 수 있기 때문에 서비스 질 향상 및 제고 가능

▶ **참여 희망 농가들이 늘어나면서 기존의 13농가와 신규 12농가가 참여하여 2012년 8월 '유기농 딸기 연구회' 창립**
- 회원 간의 상호 정보교류와 새로운 기술을 신속히 보급, 경쟁력을 높이고 고품질 농산물을 생산
- 농업기술센터의 지원을 받아 체계적인 교육과 상호 정보교류를 통해 딸기 재배기술의 경쟁력 향상

운길산 유기농 마을 홈페이지

하우스에서 체험 학습 중인 어린이들

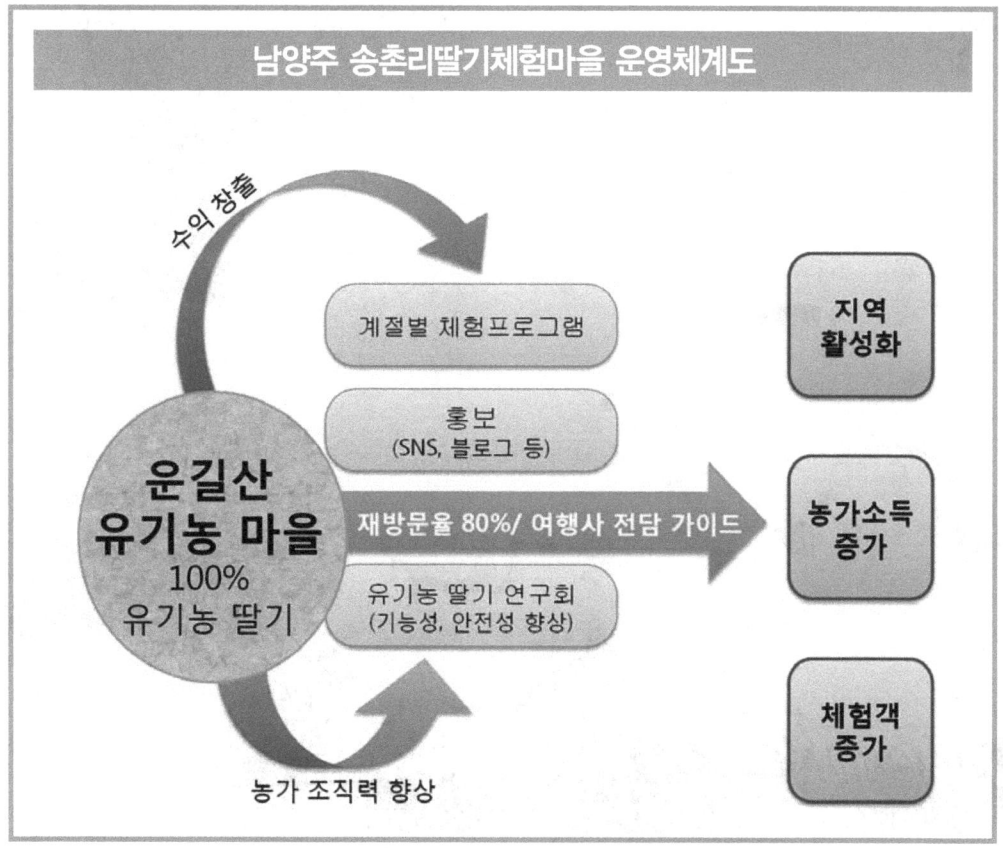

'남양주 송촌리딸기체험마을'의 나아갈 길

- 타 지역(논산) 딸기 주산지의 축제를 벤치마킹하여 축제를 개최하기 시작함. 숙박시설, 주차시설 등 부대시설을 확충할 계획
- 남양주시의 딸기 재배뿐만 아니라 타 유기농산물과 결합하여 행사 프로그램 및 규모를 체계적으로 확장
- 지속가능한 마을사업 운영을 위해 장·단기 발전계획을 수립하여 외적 성장을 유도해야 함

넝쿨째 들어온 호박으로 즐거운 체험놀이
13 용인 호박등불마을

용인 호박등불마을은 원주민과 젊은 귀농인들이 중심이 되어 마을만들기 사업을 실시한 결과, 다양한 체험 프로그램을 개발하였다. 전체 매출의 80%가 체험매출에 이를 정도로 수익구조의 차별화를 실시하여 6차 산업화에 성공한 대표 마을이다.

마을명 용인 호박등불마을 위치 경기도 용인시 처인구 모현면 능원3리 229-1 대표자 오순화 설립연도 2005년 주요품목 호박 연매출 1억4천만 원 농가수 41농가 추진사업 2007 전통테마마을(농촌진흥청), 2009 발효식품지원사업, 2009 수제초콜릿 사업, 2012 마을기업지원사업 홈페이지 http://hobak.go2vil.org 전화번호 031)335-0567

사업현황 | 마을 주민들의 창의적인 아이디어로 새로운 사업 도출

▶ 2005년부터 지역의 원주민과 귀촌인 중 젊은층을 중심으로 마을 만들기 사업을 추진, 용인시 대표 체험마을로 거듭남

- 사업초기 대부분의 구성원들은 농업 이외의 직업을 가지고 있었기 때문에, 남는 시간을 활용하여 마을농장을 구축하고 호박생산을 시작
- 호박생산을 통한 부가가치 창출을 계기로 본격적인 마을개선사업을 실시하였고, 그 결과 2007년 농촌테마마을로 선정되어 마을의 기반시설을 재정비하는 등의 지원을 받음

▶ 호박을 주요작물로 선정, 도시 근교라는 장점을 활용하여 마을 주요사업을 '체험마을'로 정하고 지원 사업을 통한 기반정비 추진

- 농촌테마마을 지원 사업을 통해 가로수, 안내도, 호박조형물 등 내방객들의 관심과 호기심을 유발할 수 있도록 마을 경관 정비
- 마을기업 지원 사업, 지역농업특성화 기술지원 사업, 수제초콜릿 사업, 발효식품 사업 등을 통해 호박터널, 눈썰매장, 초콜릿 및 장류 체험장을 건설

▶ 체계적인 운영을 위해 영농조합법인 설립, 개인수익사업을 장려하여 법인과 유기적인 관계 구축

- 46가구 118명의 마을주민들이 참여, 협의회장, 총무, 회계, 총괄운영팀, 관리팀 등 총 13개 하부조직으로 운영위원회를 구성하고 관리함
- 호박과 관련된 1만5천평 규모의 공동농지에서는 법인 주도의 수익사업 운영, 기타 체험 및 판매는 개인사업으로 분배하여 수익의 10%를 법인에 납부하는 시스템 갖춤

나무공예체험

호박마을 입구

> **사업성과** 호박을 테마로 도시 근교의 장점을 살린 '체험마을'에 집중

▶ 농업인이 아닌 마을 주민들이 시작한 사업으로, 작물 선정 시 재배가 용이하고 체험이 가능한 방향으로 접근

- 비교적 생산이 용이한 호박을 선택하고 다양한 호박품종을 재배한 결과, 우수한 품질의 호박이 생산된 것을 계기로 마을을 홍보하게 된 것이 시초
- 호박등불마을에서 생산된 호박은 가락시장에서 최고가 경매가격을 기록할 정도로 품질과 상품성을 인정 받음

▶ 총매출액의 80%가 체험소득으로 이루어질 만큼 다양한 체험활동을 실시, 회원제로 운영함으로써 소비자 재방문율이 매우 높음

- 농사체험(도라지, 감자, 고구마 캐기 등), 분양체험(주말농장, 사과나무), 견학체험(한국등잔박물관, 정몽주선생 묘소), 야영체험(원두막, 황토방)으로 다양하게 구성
- 5천여 명의 회원명부를 보유하고 있어 행사 시 문자 및 메일로 홍보를 실시하고 방문 때마다 다른 체험을 실시할 수 있어 소비자의 만족도가 높음
- 주말농장의 경우 80%이상이 매년 재임대를 신청하며, 원두막 및 황토방 체험은 사전예약 없이는 이용하지 못할 정도로 활발하게 운영되고 있음

▶ 다년간의 기반마련 사업으로 최근 수익구조의 안정화를 찾아가고 있으며, 학교와 연계된 체험활동으로 꾸준히 규모의 성장을 이룸

- 2012년 기준 연매출 1억4천만 원, 체험객 1만6천 명 이상을 기록하고 있으며 지역 문화재 관람 등 단순 내방객은 4만 명 이상으로 추산
- 지역의 특성상 도시접근성이 용이하여 많은 학교와 유치원에서 체험활동을 위한 방문이 증가하고 있어 체험을 통한 안정적인 수익구조 창출

농산물 직판장

호박전시

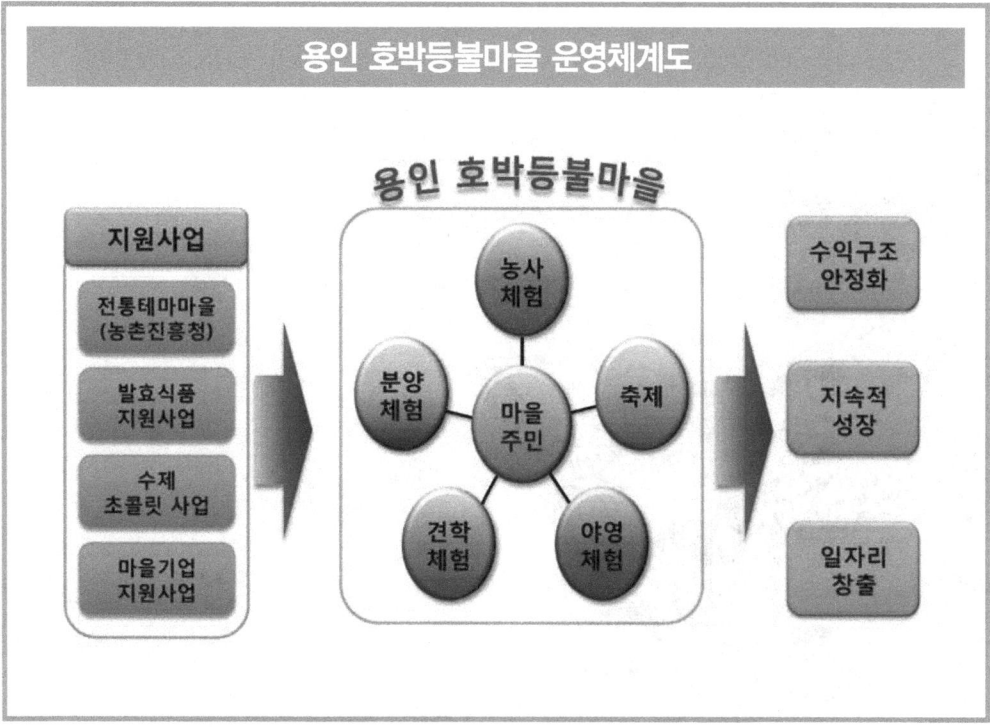

'용인 호박등불마을'의 나아갈 길

- 학교, 유치원, 동호회 등과 연계하여 지속적으로 체험활동이 이루어질 수 있는 방안 마련
- 체험마을의 기본인 생산량 증대를 통해 보다 다양한 체험이 이루어질 수 있도록 시도
- 시설 및 주변환경은 어느정도 갖추고 있으나 좀 더 다양한 아이디어 및 프로그램 개발이 필요

농산물 꾸러미에 담은 남도의 정(情)
강진 청자골달마지마을

월출산의 맑은 공기와 고향의 정경을 간직하고 있는 청자골 달마지마을. 마을에서 직접 생산한 농산물을 소포장 꾸러미로 만들어 매월 전국의 소비자에게 공급하고 있다. 이를 바탕으로 사회적 기업에도 도전 중인 강진의 대표 자립형 체험마을이다.

마을명 강진 청자골달마지마을 **위치** 전라남도 강진군 성전면 송월리 대월 달마지길 111 **대표자** 이윤배
설립연도 2004년 **주요품목** 친환경 콩, 버섯, 다양한 체험 프로그램 **연매출** 체험객 1만2천 명, 1억5천3백만 원
농가수 60호, 110명 **수상경력** 2008 농촌마을 종합개발사업최우수권역, 2009 제8회 농촌마을가꾸기 경진대회
우수상 **사업내역** 2004 농촌전통테마마을, 2006 농촌마을 종합개발사업, 2012 녹색농촌체험마을
홈페이지 http://dalmagi.go2vil.org **전화번호** 061-433-2476

| 사업현황 | 잡곡, 친환경 쌀 등 지역특산물과 도롱태 체험을 파는 마을 |

▶ 왕겨·볏짚으로 키운 잿콩나물, 소나무 분재, 도롱태 체험 프로그램을 상품화하여 마을주민의 고소득화 추구
- 친환경인증 새송이버섯, 잡곡(서리태콩, 팥, 수수 등), 녹향월촌 쌀, 매실엑기스, 야생녹차 등을 마을 특산물로 상품화하여 판매하고 도롱태굴리기[1]를 특화해 체험 프로그램으로 운영

▶ 정부지원사업을 유치하여 농촌체험시설 구비, 민박시설 보수와 마을 관광자원을 연계하여 체험객들에게 다양한 먹거리, 볼거리, 즐길거리 제공
- 농촌전통테마마을, 녹색농촌체험마을, 팜스테이마을로 선정되어 농촌마을종합개발사업 유치
- 청자골체험시설(체험장, 공동식사, 숙소, 샤워장), 도농교류센터(강의실, 정보화교육장, 특산물판매장), 은행나무쉼터, 건강산책로 등을 갖춤
- 아이들의 호기심을 유발하는 호랑이 놀이터와 곽기수 선생의 시문학 체험장, 야외볼링장, 물놀이 체험장은 매우 인기가 높음
- 넓은 야외무대를 마련하여 한마음축제, 강강술래, 마을굿 등의 공동 공간으로 활용하거나 체험객들의 캠프파이어 등 자체 프로그램을 진행하는 용도로 활용

▶ 월출산, 다산초당 등 마을 주변 관광자원이 방문 체험객들에게 매력적인 요소로 작용
- '달뜨는 산' 월출산의 아름다운 자연경관이 펼쳐지고, 국보 제13호 무위사 극락보전, 다산초당, 영랑생가, 강진향교, 청자도요지, 수암서원, 전라병영성지 등이 마을에서 1시간 거리 내에 있어 마을 주변 볼거리가 가득한 것이 매력 요소
- 약 10만 평 규모의 강진다원 녹차 밭도 체험객들에게 인기명소

체험활동

달마지 축제

---

1) 굵은 철사를 둥글게 만들거나 자전거 바퀴, 둥근 통의 테 등을 채로 받쳐서 굴리면서 노는 놀이로 주로 남자 아이들이 즐기던 놀이이다. 놀이도구가 굴러간다고 '굴렁쇠'라고 이름붙여졌다. 전국적으로 행해졌으나 도시화되면서 점차 사라진 전통놀이이다.

> **사업성과** 대동계, 부녀회, 노인회 등 7개 산하조직을 갖춘 마을협의회

▶ 마을주민의 적극적인 참여를 유도하고자 가구당 일정액을 차출, 2천6백만 원의 설립기금 조성

▶ 우렁이농법과 오리농법으로 친환경인증을 받은 '대월 친환경 쌀 작목반', '강진 달마지' 브랜드는 마을 대표 특산물로 자리매김
  - 2013년부터 마을에서 생산된 특산물과 가공식품을 꾸러미 상품화하여 전국에 있는 마을 충성고객에게 매월 배달, 주문회원이 크게 증가하고 있음

▶ 부녀회는 농산물 체험진행, 체험객 공동식사준비, 농산물 판매, 마을환경 관리를 위한 폐품수집 등 마을사업의 핵심역할 담당
  - 마을 전통 강강술래를 복원하여 시연, 젊은 여성회원들은 각종 체험교육 수료를 통해 체험 프로그램을 개발·진행, 박람회에 참가하는 등 역할분담을 통해 적극적인 사업추진
  - 노인회는 나무심기, 잡초제거 등 마을조경 사업과 마을 전통 당산제 및 산신제 복원, 유두날 마을굿 농악놀이를 진행하여 주민화합과 경로사상 고취
  - 대동계는 마을의 주요업무를 토의·결정, 마을주민 간 유기적 연대체계를 이룸

▶ 잿콩나물체험, 호랑이 울음소리, 야외볼링 체험 등 타 마을과 차별화된 체험 프로그램을 진행
  - 전통방식으로 재를 이용한 콩나물기르기는 교육적 효과가 높아 어린이와 외국인들의 호응도 높음
  - 마을 뒷산의 길이 8m 호랑이모양 굴에서 자동센서 작동으로 호랑이 울음소리를 들려줌으로써 아이들 호기심 자극, 또한 청자모양의 볼링핀으로 체험하는 달마지마을표 볼링도 이색적이고 색다른 체험임

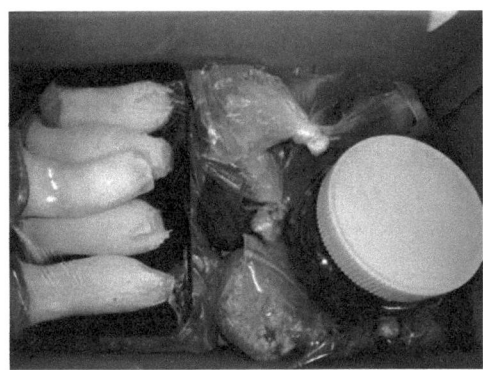

꾸러미사업

당산제 복원사업

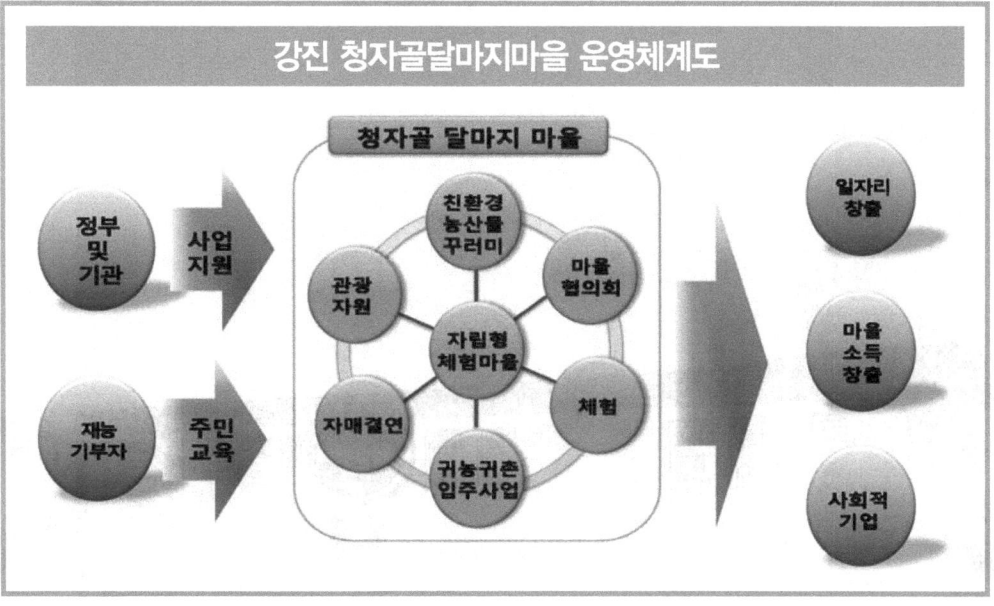

 '강진 청자골달마지마을'의 나아갈 길

- 현재의 방문객 수준을 유지하면서 보다 내실있는 체험 프로그램을 제공하여 지속가능한 성장을 꾀함
- 가공상품 개발에 적극 투자하여 새로운 소득창출의 기회로 삼을 수 있도록 운영할 예정
- 올해부터 진행중인 꾸러미사업의 활성화를 위해 다양한 홍보활동 진행
- 귀농·귀촌인을 유치하기 위해 마을의 빈집과 매각토지 대장을 만들어 입주를 희망하는 도시민들에게 정보 제공 용도로 사용
- 투명한 마을 회계관리과 부녀층, 노인층의 일자리 창출, 특산물 판매 등 소득사업으로 주민들의 호응도와 만족도를 높임
- 1사1촌, 도농교류, 1교1촌 등을 통한 자매결연 15곳과 초청행사 등을 지속적으로 추진

15 화전민의 애환을 관광·체험으로 승화시킨
횡성 고라데이마을

강원도의 여느 산간마을처럼 첩첩이 산으로 둘러싸인 횡성 고라데이(골짜기의 강원도 사투리)마을은 해발900㎡의 발교산, 수리산, 병무산에 에워싸여 마치 연꽃처럼 담겨 있다. 깨끗한 자연환경과 다양한 체험 프로그램으로 화전민들의 터전에서 인기 있는 농촌체험마을로 변신한 6차 산업 우수마을이다.

마을명 횡성 고라데이마을 위치 강원도 횡성군 청일면 봉명리 61-3 대표자 이재명 설립연도 2004
주요품목 더덕, 복분자, 풋고추, 장뇌삼 등 연매출 2억 원 농가수 18농가 수상경력 2004 농촌진흥청 농촌전통체험마을, 2005 새농어촌건설운동 강원도 우수마을, 팜스테이, 자연생태마을, 정보화마을 등
홈페이지 http://goradaeyi.go2vil.org 전화번호 033-344-0054

사업현황 | 심산유곡과 화전문화, 산골인심이 넘치는 환경 친화적인 고라데이

▶ **병무산, 수리봉이 병풍처럼 둘러진 청정 대자연의 아름다움을 간직한 마을**

- 병무산, 발교산, 수리봉 등 해발 900m이상의 높은 산들이 마을을 둘러싸고 있으며 산기슭마다 절골, 명이치, 파란골, 화방골 등 크고 작은 골짜기가 부채살처럼 펼쳐진 자연경관이 특징
- 도시민들이 주말이나 휴가 시 즐겨 찾는 마을로 자연환경을 훼손하는 시설이 없으며 산촌의 특징을 살린 체험 프로그램으로 관광명소가 된 사례

▶ **화전민의 애환과 강원도의 특산물인 감자, 더덕, 장뇌삼이 풍부한 자연의 보고**

- 옛 고라데이(골짜기) 화전민의 후손들이 순박함으로 살아가는 인심 좋은 마을로 예로부터 산삼을 찾아 헤메던 심마니들이 산삼대신 그 씨를 뿌려두어 마을에 가득하다는 장뇌삼, 강원도 산골에서 더욱 큼직한 더덕 등이 마을을 대표하는 농산물
- 감자로 만든 옹심이, 허기를 달래주던 도토리묵, 곤드레밥 등도 마을의 대표 음식

▶ **계절마다 옷을 갈아입는 아름다운 자연환경과 더불어 연중, 계절별 프로그램을 운영하여 사계절 체험객이 붐비는 마을**

- 봄은 봄꽃트레킹, 고라데이 세레스탐방, 결의소 밭갈이 체험을, 여름은 봉명폭포수 맞기, 횃불 밤 물고기잡기로 시원하게, 가을은 화전민 체험, 피난골 체험, 겨울은 눈썰매, 쇠발톱 빙구놀이 등 다채로운 체험 가능
- 연중 체험 프로그램으로는 화전가옥 답사, 봉명폭포 트레킹, 온돌·구들체험 사랑방 밤참, 소달구지 타기, 심마니 체험 등을 운영

화전움막 체험

메밀전병 만들기

사업성과 | 자연환경을 적극 활용하고 산촌 체험을 살린 관광 마을로 변신

▶ 산골 마을에 활력을 불어넣는 젊은 귀촌인들
- 2002년 3개 마을(원래 9개 마을)의 가구수는 50여 가구뿐이었으나 새농어촌운동과 전통테 마마을 사업으로 2006년경 60여 가구, 2013년 현재 80여 가구로 증가

▶ 돌이 많은 척박한 땅과 마을의 80%가 산지인 지형적 어려움을 극복하고 새롭게 태어난 고라데이마을
- '소원 돌탑 쌓기'를 관광자원화 하여 농촌 프로그램을 운영 중이며, 산골의 특성을 십분 활용 하여 산채, 약초 재배 등 특산품 개발로 위기 극복

▶ 도시와 농촌이 하나 되는 고라데이마을의 특별한 여름이벤트
- 2012년 시작된 도농어울마당인 '고라데이 팜파티'는 봉명리 및 청일지역 마을주민, 고라데이 펜션 방문고객, 초청인사 등 누구나 참여할 수 있고 다양한 체험행사 등이 준비되어 실행되 는 고라데이마을 최대 이벤트

▶ 관광체험을 통해 마을도 알리고 소득도 높아지고, 다시 도약을 준비하는 전통테마마을
- 매년 관광 체험객 수가 증가하면서 마을의 특산품인 장뇌삼, 더덕의 직거래 판매가 증가하여 농업인의 소득증가에 기여

고라데이 체험관

폭포트래킹 체험

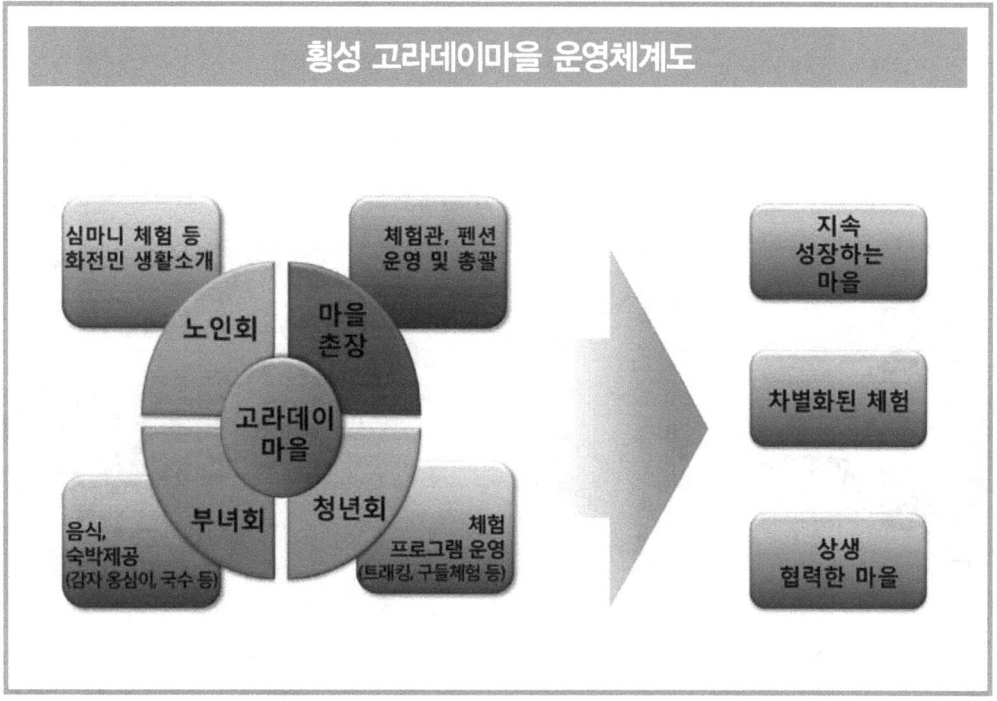

'횡성 고라데이마을'의 나아갈 길

- 겨울이 추운 강원 지역의 기후적 특성을 고려하여, 겨울 숙박 체험객들을 위해 난방 등 숙박시설 재정비가 필요
- 머루술, 복분자 엑기스 등 지역 농산물 가공품 판매를 통해 소득 증대
- 대안학교, 장애인 복지시설, 어린이집 등 아동 단체와 연계한 사업영역 확대(체육활동, 명상, 풍물놀이 등)

우리마을에선 즐거운 제주향기가 샘솟는다!
제주 아홉굿마을

천 가지 기쁨을 간직한, 물맛 좋은 낙천리 아홉굿마을은 주변의 오름과 아홉굿 연못이 아름다운 자태를 뽐내고 있어 제주도의 관광 명소로 정평이 나있다. 제주 중산간에 위치, 기본농사(감귤 등)만으로도 평균소득 1억 원이 넘지만, 제주지역만의 독특한 문화를 간직하고 있어 사람들의 발길이 끊이지 않는 매력적인 농촌전통테마마을이다.

마을명 제주 아홉굿마을 **위치** 제주특별자치도 제주시 한경면 낙수로 97 **대표자** 오원국 **설립연도** 2003년
주요품목 감귤, 한라봉, 오이, 토마토등, 보리빵, 피자체험 등 **연매출** 3억2천만 원 **시설규모** 89농가중 63농가참여
수상경력 2003 농촌진흥청, 농촌전통테마마을 지정, 2007 농림축산식품부선정, 아름다운 돌담 락센터
홈페이지 http://ninegood.go2vil.org **전화번호** 064-773-1946

사업현황 | 오름, 숲, 연못이 숨 쉬는 그곳에서 제주체험의 나래를 펴다

▶ 유네스코 지정 천혜의 자연환경 제주에서 1차 농산물(감귤, 한라봉 등)의 재배를 벗어나 또 다른 소득원 창출
- 마을주민들의 협력과 농업기술센터와의 연계를 통해 새로운 관광, 체험마을로 발전

▶ 1차 생산으로도 소득의 안정화를 이루었으나, 마을의 발전을 위해 2003년 농촌전통테마마을로 도약, 2007년 체험사업 실시
- 아시아에서 가장 많은 천개의 의자를 보유하고 있는 의자공원(의자는 공모전을 통해 선정된 각각의 이름을 가지고 있음), 농산물판매가 가능한 체험관, 집성촌 여산 송 씨 일가가 정착하기 이전에 형성된 숲 '수덕' 등 다양한 먹거리, 볼거리 제공
- 팜스테이, 향토사업, 마을기업, 농가 맛집, 휴양체험 마을사업 등 다양한 정책 사업을 통해 마을의 성장 도모

▶ 제주의 밭작물로 만든 향토음식 체험 가능
- 메밀을 이용한 메밀빔떡, 방부제를 넣지 않은 낙천리표 보리빵, 감귤잼, 메밀쌀을 이용한 청묵 등 다양한 향토음식 발굴

낚시 체험 중인 학생들

마을 벽화

> **사업성과** 농업·농촌과 연계된 다채로운 체험행사로 6차 산업 활성화

▶ 식당이 설치된 '체험관', '의자공원', 실내 체험장인 '수다뜰', '공자왈 체험', 마을 숲 '수덕', 공연, 세미나 공간 '락센터' 등 여러 용도로 활용 가능한 시설을 갖추어 부가가치 향상

▶ 외식, 체험, 관광 등 3차 산업의 활성화 → 체험객의 직거래를 통한 마을의 1차 농산물 판매 → 농가 소득 향상
  - 보리를 이용한 피자·빵 만들기, 보리수제비, 주변연못을 활용한 낚시체험, 농사체험 등 1차 농산물은 물론 자연과 연계된 다수의 체험 프로그램 운영
  - 가족 및 학생단체가 주 고객이며 특히 가족단위 체험객들의 직거래 판매가 농가소득으로 연결되는 경우가 다수

▶ 1차 농산물 – 체험 프로그램 연계 운영으로 매년 체험객 증가
  - 2011년 3만7천 명, 2012년 3만9천 명 수준으로 방문객 및 체험객 수 증가
  - 보리를 이용한 보리빵, 수제비, 햄버거, 피자, 비빔밥, 샌드위치 만들기 등 다양한 체험 프로그램을 통해 2012년 기준 총매출액 3억2천만 원 달성

▶ 지역 자원인 오름, 연못, 숲을 활용한 다양한 체험 프로그램으로 마을 소득 증가
  - 광동제약과 서울환경운동연합이 아홉굿마을을 체험캠프로 활용하여 가족체험 프로그램으로 옥수수 따기, 모기 퇴치제 만들기, 건강간식 만들기 등 체험
  - 방문객 수 증가를 통해 지역 농산물 판매 증가, 민박 등을 통한 지역경제 활성화, 지역 내 일자리 창출에 기여

음식만들기 체험

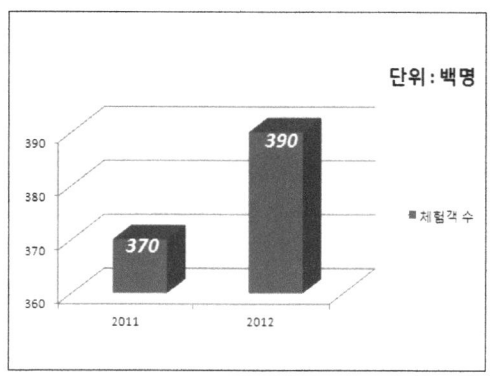

연도별 체험객 수

제주 아홉굿마을 운영체계도

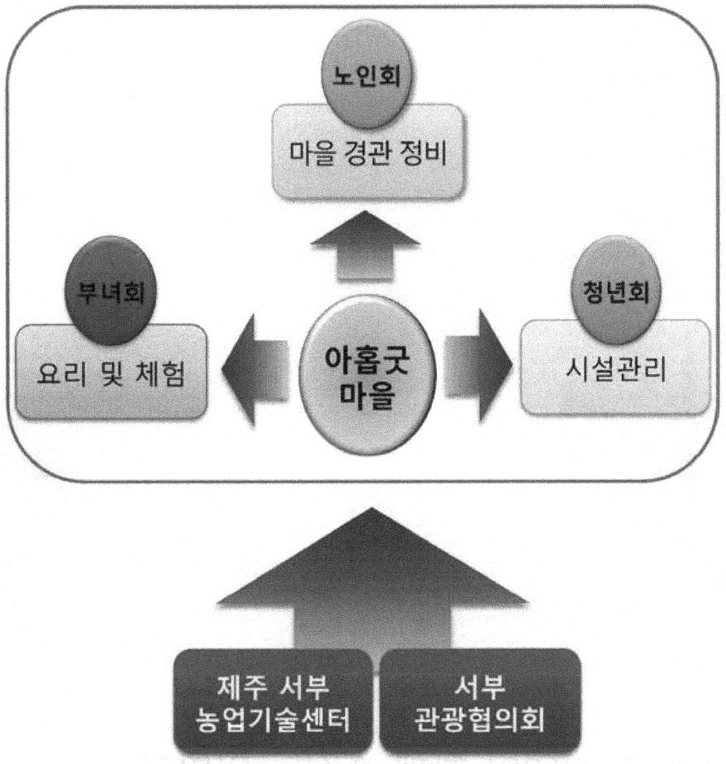

(노인회) 마을 경관 정비

(부녀회) 요리 및 체험 ← 아홉굿마을 → (청년회) 시설관리

↑

제주 서부 농업기술센터 | 서부 관광협의회

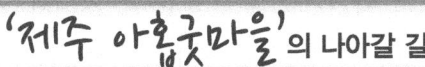
'제주 아홉굿마을'의 나아갈 길

- 지역 관광자원과 유기적인 연계를 통한 관광 및 체험 프로그램 개발
- 관계기관, 지역단체를 통한 전문 인력 지원과 농업인 교육을 통해 '아홉굿마을' 만의 독창적인 사업 아이템 강구
- 1차 농산물을 이용한 다양한 가공식품 개발로 1차 산업 소득과 차별화된 부가 가치 창출원 발굴을 위해 노력

전통과 자연이 함께 숨쉬는 안마당
양산 물안뜰마을

양산 '물안뜰마을'은 인근의 천성산과 홍룡폭포 등 수려한 경치와 곤충들의 생태가 잘 보존된 유서 깊은 곳이다. 2008년 농촌진흥청 전통테마마을로 지정되어 우리 전통문화를 소재로 다양한 농촌 프로그램을 활용하고 있는 양산 대표 체험마을로 자리잡았다.

마을명 양산 물안뜰마을 **위치** 경상남도 양산시 상북면 대석길 15 (대석리 1099-3) **대표자** 정선량
설립연도 2008년 **주요품목** 양예, 국화(차), 매실엑기스 등 **연매출** 4천7백만 원 **농가수** 농가 70
인증내역 2008 농촌진흥청 전통테마마을 지정, 2012 안전행정부 그린마을 지정, 2012 신재생에너지 사업 선정
홈페이지 http://mulanddul.go2vil.org **전화번호** 055-374-3533

사업현황 | 마을 주변의 환경자원을 활용한 전통마을

▶ 마을 활성화를 위한 주민들의 적극적인 홍보활동으로 2008년 전통테마마을로 지정

▶ 상여행렬 재연, 지신밟기 축제와 같은 행사를 통해 2013년 전통문화를 활용한 농촌관광 상품화 사업 선정
- 다소 터부시 될 수 있는 장례라는 소재를 활용한 '상여행렬 재연'은 '물안뜰마을' 만의 독특한 프로그램으로 자리매김함
- 주변 맛집(죽림산방, 아씨밭골 등)과 연계하여 '염소불고기 축제'를 진행, 마을뿐만 아니라 주변 이웃과 함께 수익창출

▶ 농촌다움을 살리고 지역민들과 조화롭게 연계한 마을 운영
- 계절별 농촌살이 체험과 전통꽃차 만들기, 도자기 빚기 등 전통문화 체험 프로그램 운영
- 체험을 통해 만든 음식 이외에 식사를 판매하지 않아, 주변 식당들의 상권을 침해하지 않고 염소불고기 축제 등의 행사에 동참

▶ 인근에 위치한 양산8경 중 하나인 천성산과 홍룡폭포는 수려한 자연경관으로 체험객 유치에 이점으로 작용
- 방문객 유치를 위해 인근에 위치한 홍룡사와 협력관계를 구축함. 이외에도 편백나무숲과 주변볼거리도 풍부

상여행렬 재연

양산예술제 참가

사업성과 | 전통이 살아 숨 쉬는 활기찬 마을로 발전

▶ **40년 이상 운영해 온 15만 수 규모의 양계단지가 마을의 주력산업**
- 달걀 외에도 각종 계절채소류와 꽃차에 사용되는 식용국화 생산
- 매실엑기스와 국화차, 장류, 효소 등 가공식품을 제조하여 판매
- 마을 내 임시 직판장에서 마을 주민들이 관광객들을 상대로 자유롭게 자가생산물을 전시하고 판매하여 수익 창출

▶ **2011년 부산지방 국세청과 1사1촌 결연을 맺어 도농교류 활성화**
- 농촌일손 돕기, 마을 농산물 판매 등 교류 체험 프로그램 개발 및 기술보급사업 선정
- 부산지방 국세청에서 마을의 간판을 새로 만들어 선물하고, 마을에서도 맞춤 체험 프로그램을 제공하는 등 돈독한 관계 형성

▶ **전통테마마을 지정으로 관광객이 증가하고, 다양한 수익창출로 농촌마을 제2의 전성기 맞이**
- 마을추진위원회를 비롯하여 마을 주민 모두가 체험객을 대상으로 한 사업에 참여함으로써 체험 관리비, 민박 운영 등의 수익을 창출
- 부가가치 창출을 경험하면서 특화작물재배, 농산물 가공에 대한 마을주민들의 관심 증가

체험활동

1사1촌 자매결연

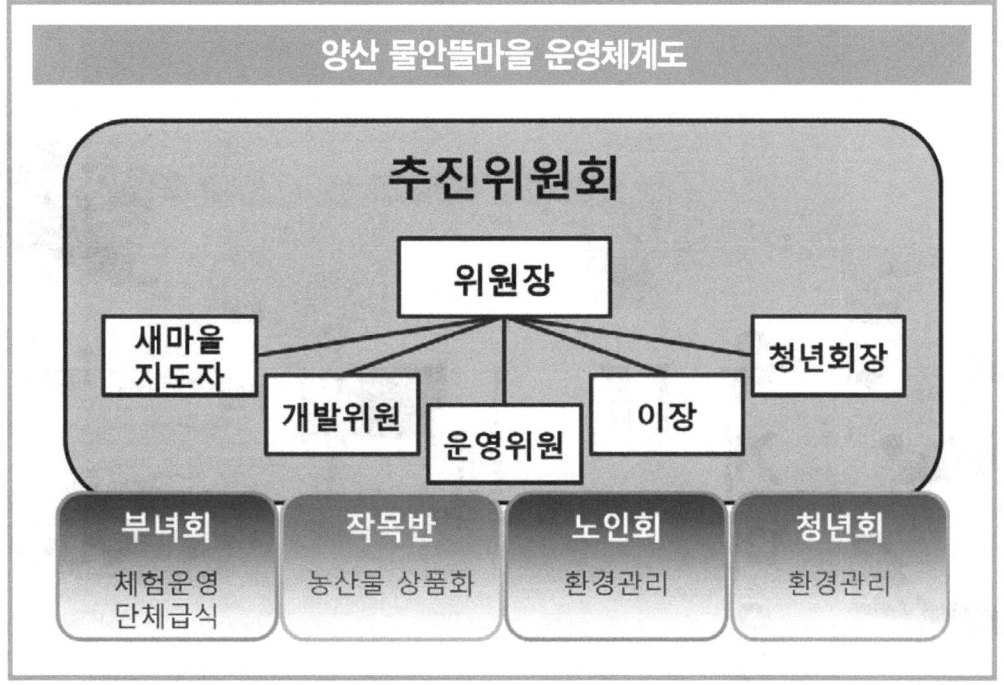

'양산 물안뜰마을'의 나아갈 길

- 영농조합법인을 설립하고, 주작목을 특화하여 생산·가공함으로써 농가 수익 증대 및 선진 농가 육성 계획
- 사무업무처리를 전담할 인력 부족 등 향후 마을 발전을 위한 전문 인력 지원이 필요

18 도시민의 휴양공간 로하스파크
연천 옥계마을

콩과 율무를 재배하는 연천 옥계마을은 2005년 농촌진흥청 농촌전통체험마을로 선정되어 장류사업을 통해 활발한 농산물 가공·판매를 실현하고 있다. 2011년 농어촌휴양마을로 지정되어 체험·숙박 등의 서비스를 제공함으로써 6차 산업의 융·복합화를 실현한 마을이다.

마을명 연천 옥계마을 **위치** 경기도 연천군 군남면 옥계리 494-3 **대표자** 차석현 **설립연도** 2005년
주요품목 콩, 율무, 쌀, 더덕 등 생산, 지역 농산물을 이용한 가공 및 농촌체험 프로그램
연매출 2억8천만 원 **농가수** 54농가 116명 **수상경력** 농촌어메니티 환경설계공모전 입선, 2012 농촌진흥청 최우수마을 선정 **인증내역** 2005 전통테마마을 지정, 2010년 살고 싶고 가고 싶은 마을지정, 2011 농어촌 휴향마을 지정 **홈페이지** http://okgye.go2vil.org **전화번호** 031-834-2550

사업현황 | 체험 네트워크 활성화, 체계적인 관리를 통한 6차 산업 기틀 마련

▶ 지역 농산물(율무, 콩, 쌀 등)을 활용한 사업을 고심하던 중 농업기술센터를 통해 다양한 연계 사업 습득
- 지역 자원을 활용한 체험활동을 기반으로 도농교류 시작, 마을의 인지도가 상승하고 농산물 홍보의 기회가 마련되면서 다양한 판로 개척

▶ 2005년 전통테마마을 지정으로 마을 운영체제를 재정비하여 체험사업 실시
- 농촌진흥청 연구과제(아름다운 마을 디자인 구축 등), 타 기관과의 연계사업에 적극 협력하여 마을의 부가가치 창출과 발전 계기 마련
- 마을 자체적으로 농촌관광발전 규약을 정하여 프로그램 보안, 서비스 질 개선 등 품질기준을 마련하여 농촌 어메니티 사업 중심마을로 토대 마련

▶ 연천군 농촌관광연구회를 통한 교육농장(10곳), 체험마을(6곳)과의 유기적인 체험 네트워크 사업 추진
- 옥계마을 주변 체험마을과 개별 교육농장 등의 참여 증가로 다양하고 특색 있는 농촌체험의 기회 제공

▶ 농촌 관광·체험관련 예약, 체험상품 개발, 의료·안전, 서비스 등 4개 팀으로 나누어 체계적으로 관리
- 기획팀(예약, 상품개발), 서비스팀(음식, 농산물 판매), 운영팀(체험진행, 안전, 차량안내), 지원팀(인원 및 장비지원)으로 세분화하여 원활하고 체계적인 시스템 운영

옥계마을 경관

농촌테마마을 지정

살고 싶고 가고 싶은 마을 지정

> **사업성과** 생산+가공+체험+직거래의 조화로 6차 산업을 이루다

- ▶ 2010년 '살고 싶고 가고 싶은 마을' 지정, 농촌어메니티 환경설계공모전 입선, 2012년 농촌진흥청 최우수마을에 선정되어 마을의 발전 가능성과 우수성 확인

- ▶ 지역 특산물과 관광자원을 활용한 체험상품 및 계절별·분과별 프로그램 운영으로 고객의 만족도와 신뢰도 상승
  - 슬로푸드, 옥녀봉 트래킹, 친환경농사, 전통공예 등 차별화된 체험 프로그램 구성 및 상시체험 운영을 통해 관광객들의 방문을 유도하여 연평균 7천 명의 체험객 방문

- ▶ 고객관리 데이터베이스를 바탕으로 자매결연, 기존 방문고객에게 이벤트 진행사항 등을 알림으로써 지속적인 관계유지
  - 고객들에게 마을 행사 및 이벤트 알림 문자 발송
  - 고객과 마을 주민의 화합의 장을 위해 매년 11월 옥계마을 농산물 한마당 개최

- ▶ 농촌체험 시 주민이 직접 운영하는 농산물 반짝 장터 상시 운영, 농가당 1회 20~30만 원의 수익창출로 주민과 체험객의 만족도가 높음
  - 판매수익의 5%를 기금으로 조성하여 품질향상에 재투자
  - 공동 포장재 사용, 실명이 들어간 개인스티커를 이용하여 상품의 신뢰도 제고, 직거래 활성화를 통해 2012년 기준 총매출액 2억8천만 원 달성

- ▶ 도시민 휴양공간인 '로하스 파크'의 숙박 수요가 증가하고 있으며 지역 특산물을 활용한 다양한 체험 활동을 통해 체험객 만족도 향상

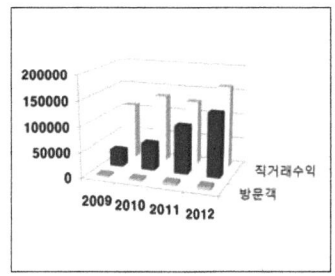
연매출 및 방문객 수

농촌 체험

직거래 장터

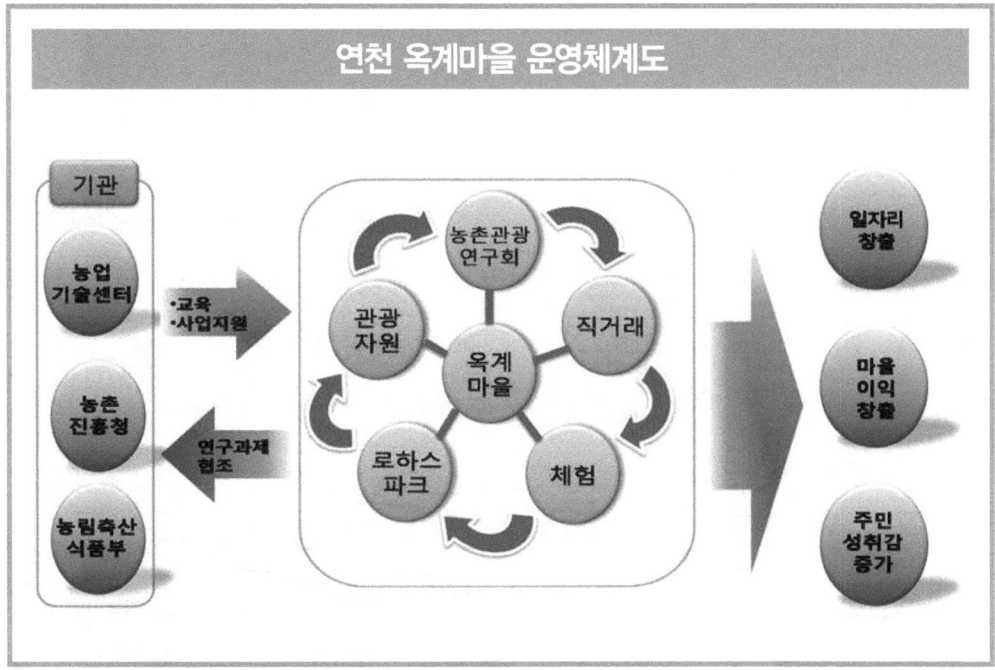

'연천 옥계마을'의 나아갈 길

- 가족중심 관광·체험으로의 변화에 맞추어 가족단위 맞춤 프로그램을 개발하고 농촌생활체험 공간 조성
- 친환경적 환경 정비, 체험별 전문가 육성, 마을 축제 확대 및 활성화를 통해 농촌관광 명품화 사업 추진
- 지역행사와의 연계를 통해 국내뿐만 아니라 해외 관광객 유치를 위한 계획 수립

한탄강과 전통문화의 조화
포천 교동장독대마을

'포천 교동 장독대마을'은 한탄강, 지장산 등 수려한 자연경관과 조화를 이룬 전국 최초 팜스테이 마을이다. 향토음식 발굴과 전통 농촌체험을 진행하며, 도시생활자들을 위해 농작물을 재배할 수 있는 주말농장 '클라인가르텐'을 임대 운영하는 등 차별화 된 농촌체험마을로 부상하고 있다.

마을명 포천 교동장독대마을 **위치** 경기도 포천시 관인면 중리 11-4 **대표자** 이수인 **설립연도** 2010년
주요품목 느타리버섯, 더덕, 장류, 시집온 곶감, 장독대 한과 **농가수** 25농가
인증내역 2007 팜스테이마을 지정, 2012 향토음식마을 지정(농협), 2012 마을기업 지정
홈페이지 www.교동마을.com **전화번호** 031-534-5211

> **사업현황** 지역 농산물을 활용한 향토음식 개발, 공동사업을 통한 이익창출

▶ 한탄강 현무암 계곡 등 수려한 자연경관과 깨끗한 농촌마을로 전국 최초로 2007년 팜스테이마을 지정, 다양한 지원사업을 토대로 체험사업 전개
 - 2010년 경기도 특색사업(2억3천만 원), 2011년 농식품부의 녹색농촌체험마을 사업(2억 원)에 선정되어 체험관과 클라인가르텐(체제형 주말농장[1]) 등을 준공하여 체험사업의 기반 마련

▶ 체험마을의 한계성 판단 아래, 2012년 향토음식마을(농협) 선정을 계기로 6차 산업의 기틀 마련
 - 지역 농산물을 활용하여 교동막걸리, 신선로, 좁쌀떡 등 다양한 향토음식 발굴, 이를 기반으로 농가 맛집 운영
 - 예부터 내려오는 전통 잔치문화인 이바디 음식과 잔치공연을 복원하여 마을 축제로 발전

▶ 서울·일산 등 도심과의 근접성으로 가족단위 방문객 증가, 소형 가족농장인 클라인가르텐을 운영
 - 도시민에게 주말농장으로 임대하며 1년 임대방식으로 공급하며, 내집처럼 살면서 농촌을 체험하고 농작물을 재배할 수 있어 참여도가 높음
 - 팜스테이 마을과 연계하여 '경기청소년녹색체험학습장' 운영

▶ 체험·관광·숙박·향토음식 등 마을 공동사업의 분과별 운영으로 주민 참여도 및 마을 소득 증가

교동팜스테이마을 지정   경기청소년녹색체험학습장 지정   클라인가르텐(주말농장)

---

[1] 경치 좋은 농촌에서 숙식을 하면서 텃밭을 가꾸는 농촌체류형 주말농장으로 1년 단위로 집과 텃밭을 계약해서 임대해 주는 형태의 농장

사업성과 문화사업과 전문가 양성을 기반으로 체계적인 체험마을 구축

▶ 마을 주민들의 지속적인 교육을 통해 분야별 전문가 양성
- 대학교와 자매결연을 맺고 평생학습 프로그램을 연계하여 교육이수 및 자격증을 취득한 교육생에 한하여 체험 지도사로 채용

▶ 교과과정 연계와 창의성·사회성 증진 등 교육적인 체험 프로그램 구성으로 매년 체험객 증가
- 오감 숲 체험(힐링), 지푸라기 공예(창의성), 놀이문화체험(사회성), 야생화 압화 체험(창의성) 등 차별화된 체험 프로그램으로 매년 체험객 증가
- 교과과정을 바탕으로 체험 프로그램을 구성하여 아이들의 흥미를 높이고, 1촌1교를 통한 지속적인 체험객 유치

▶ 2012년 마을기업 지정 후 전통문화사업을 진행하여 주민들의 장점을 바탕으로 사업 구성, 주민 참여도 증가-일자리 창출의 일석이조 효과
- 전통민요, 창작 인형극, 사물놀이 등 공연팀을 구성하여 1사1촌 및 자매결연 체험객을 위한 초청공연 개최, 장독대마을의 공연은 각종 문화행사에 초청되어 출장공연을 펼치기도 함
- 식(食)문화를 위한 '이바디(잔치문화)' 사업과 농가 맛집은 노동력 및 일자리 창출에 기여

▶ 예술인들의 마을 유입으로 예술작품과 마을의 문화재 보존을 위한 기록관 설립, 체험객들에게 다양한 볼거리 제공
- 마을의 진귀한 물건 또는 마을의 추억이 담긴 물건으로 이루어진 마을 기록관 '교동사람들'은 방문객에게 향수와 볼거리를 제공

1촌1교

트렉터 타기

농촌체험

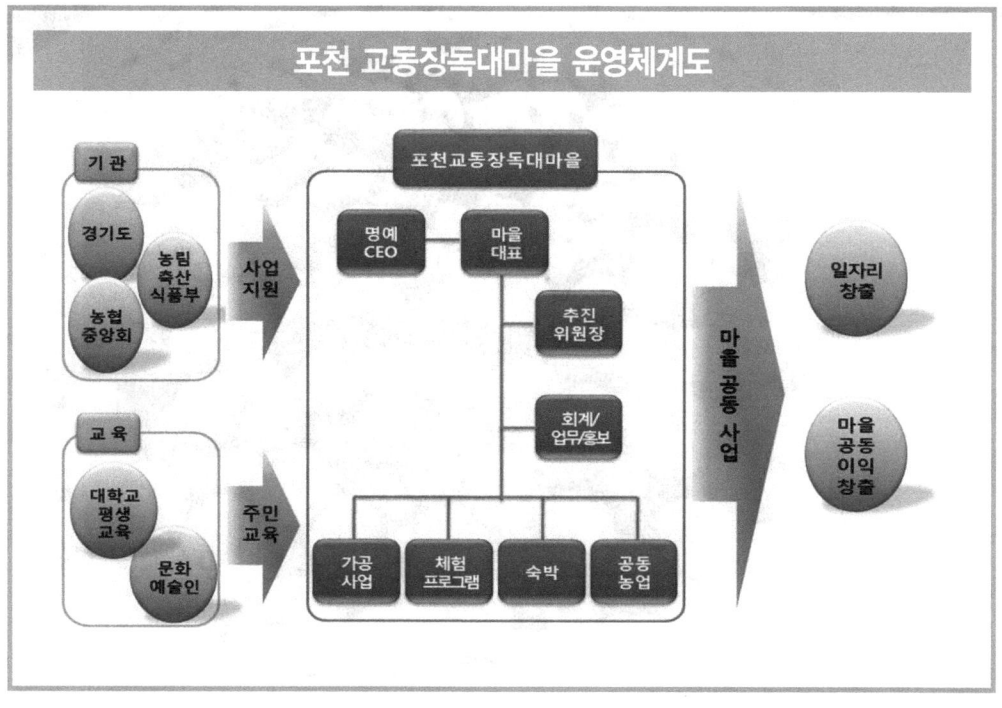

'포천 교동장독대마을'의 나아갈 길

- 2006년 한탄강 홍수조절용 댐 건설로 인해 수몰지역 확정으로 현재 이전공사 중이며 2014년 정상화 예정
- 이전공사를 통해 마을가꾸기 사업을 시작하였으며, 경관을 해치는 전봇대 등을 지하로 매립하여 깨끗한 농촌마을 건립을 목표로 노력
- 한탄강 멍우리 나들길과 연계한 힐링·치유사업을 통해 체험·휴양 마을 명품화 사업 추진

블루베리와 다채로운 체험활동의 만남
자연사랑영농조합법인

천안, 공주지역 11개 농가로 구성된 '자연사랑영농조합법인'은 베리베리팜(very berry farm)이라는 농장을 직접 운영하여 친환경농법으로 각종 베리류를 생산, 판매한다. 특화된 체험활동과 독자적인 콘텐츠 운영으로 고객 만족도를 높임과 동시에 차별화된 6차 산업을 이뤄내고 있다.

법인명 자연사랑영농조합법인 **위치** 충청남도 공주시 신관동 182번지 공주대학교 산학연구관 213호
대표자 임채섭, 금승원 **설립연도** 2011년 **주요품목** 블루베리 잼, 밤 잼, 블루베리 발효효소액
연매출 1억 원 **농가수** 천안, 공주지역 11개 소속 **홈페이지** cafe.naver.com/ymecon **전화번호** 041-881-3440

사업현황 | 블루베리와 다양한 체험사업을 연계하여 독자적인 콘텐츠 개발

▶ 블루베리 수확(생산)+만들기(가공)+경제교실(체험) 프로그램을 결합한 성공적인 6차 산업의 시작
- 부부인 임채섭, 금승원 대표는 2011년 자연사랑영농조합법인을 설립하여 블루베리를 이용한 가공상품 개발과 다양한 체험활동 실시
- 블루베리 가공상품과 연계한 차별화된 체험 프로그램인 '경제교실'을 운영하여 체험객 수 및 연매출 증가

▶ 무농약 친환경농법으로 다양한 농산물을 재배, 웰빙 트렌드에 맞춘 건강한 가공품 개발
- 대표 생산물인 블루베리뿐 아니라 오디, 산딸기, 아로니아베리 등 각종 베리류 농산물을 친환경 농법으로 생산하여 다양한 가공품으로 재생산
- 잼 가공시 조미료 3無(합성감미료, 보존료, 착향료)와 당의 체내흡수를 줄여주는 자일로스 설탕을 사용하는 등 소비자 건강을 고안한 가공품 개발

▶ 블루베리를 이용한 여러 가지 체험교육 프로그램을 운영하여 다양한 연령대의 체험객 확보
- '어린이 체험 경제교실', '블루베리 캠프세미나', '선비문화 체험교실' 등 다채롭고 특화된 체험학습을 통해 체험객 만족도 증대
- 경험을 살린 블루베리 재배기술 및 귀농 교육도 인기 체험학습 프로그램이며 외국인들을 위한 이색적인 프로그램 또한 다양한 체험객들의 만족도를 충족시키는 요인

블루베리·밤 잼

어린이 경제교실

> **사업성과** 설립 1년 만에 연매출 1억 원 달성

▶ 자체적 마케팅 전략으로 다양한 체험객에게 인정받음으로서 어린이, 귀농인, 외국인 등 여러 체험객과 지속적인 유대관계 유지
  - 여러 계층의 체험객을 대상으로 하는 맞춤 프로그램으로 인해 다양한 체험객 확보가 가능하며 특히 '어린이 경제교실' 프로그램은 긍정적인 입소문을 타고 가족단위 체험객 수 증가 추세

▶ 건강하고 안전한 먹거리 가공품에 대해 체험객의 만족도 증가, 매출 신장의 핵심 요소
  - 베리류를 이용한 효소발효액, 식초 등 건강음료와 잼, 양갱, 견과류주먹밥 등

▶ 안전 먹거리 제공의 길라잡이 역할을 하며 소비자들의 믿음과 신뢰를 얻음으로 체험객 수 증가

▶ 충청남도 공주의 역사와 연계한 체험 프로그램인 '선비문화 체험교실'은 2013년 충청남도에서 추진한 '우리문화 즐기기 사업'에 선정되어 다양한 부가가치 창출

▶ '농촌체험+경제교실'이라는 차별화 체험 프로그램 전략을 실시하며 체험객들의 관심과 흥미 증폭
  - 1차 생산물로 만든 가공품을 통해 판매 및 판촉 과정을 체험할 수 있고 더불어 경제 개념까지 배울 수 있어 학부모들로 하여금 매력적인 프로그램으로 인식

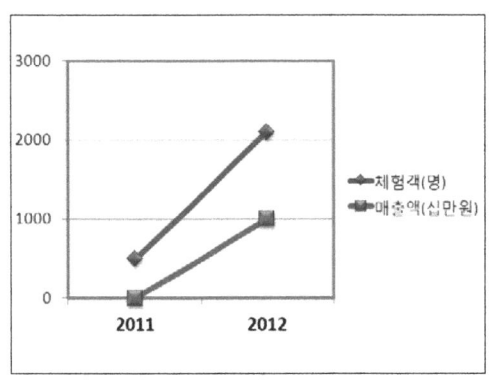

연도별 체험객 수 및 매출액

블루베리 수확체험

자연사랑영농조합법인 운영체계도

친환경 블루베리 수확 → 건강을 고안한 가공품 만들기 → 다양하고 다채로운 체험학습

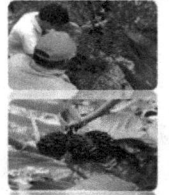

 어린이 체험 경제교실
 선비문화체험교실
 블루베리캠프세미나

'자연사랑영농조합법인'의 나아갈 길

- 효율적이고 다양한 가공품 생산을 위한 공장 설립 계획
- 독특하고 차별화된 로고를 브랜드화하기 위한 방법 모색
- 소비자뿐만 아니라 생산자의 신뢰도 중요하기 때문에 마을 주민 간의 교류 활성화 추진
- 고품질 마케팅으로 백화점 명품관 및 식품코너에 입점할 수 있도록 노력

part 03

생산중심형 우수 사례

Rural Development Administration

친환경유기농법으로 자연친화적인
홍성 문당환경농업마을

홍성 '문당환경농업마을'은 3면이 산으로 둘러싸여 있고 서쪽으로 삽교천이 흐르는 홍성군에서 8km 떨어진 곳에 위치하고 있으며, 1백만 평의 옥토에서 친환경 유기농법을 실현하는 환경농업마을이다.

마을명 홍성 문당환경농업마을 **위치** 충청남도 홍성군 홍동면 문당길 141 **대표자** 유근철 **설립연도** 1999년
주요품목 친환경유기농쌀, 물놀이체험, 농촌체험 등 **연매출** 5억 원 **참여농가수** 100농가 중 83농가 참여
수상경력 2002 녹색경영대상 최우수상, 2005 정보화마을 대상평가 우수상, 2010 제7회 친환경농업대상 공로상
인증내역 2007 최초유기농인증, 문당농촌체험, 휴양마을지정, Rural-20선정, 2012 충청남도사회적기업지정
홈페이지 http://mundang.invil.org **전화번호** 041-631-3538

사업현황   친환경 오리농법으로 마을 백년계획 기틀 마련

▶ 3면이 산으로 둘러싸여 있고 하천이 흐르는 문당리, 4개의 유서 깊은 마을이 모여 이루어진 비옥한 옥토지대가 장점
- 1백만 평 규모의 평야에서 키운 유기농 쌀은 귀중한 1차 생산물이며 일찍부터 각종 지원 사업으로 생활관, 농업유물관, 체험관 등의 시설이 잘 갖추어진 마을

▶ 농촌과 도시가 공생하는 다양한 방법을 마련하기 위해 백년계획 추진
- 녹색연합과 서울대 환경대학원의 도움으로 자연소재의 주택 만들기, 자연정화 연못과 빗물이 통과하는 길 만들기 등 환경 친화적인 노력
- 농촌의 환경개선과 복원을 통해 도시민들에게 평안한 휴식을 제공하고, 고향과 국토에 대한 새로운 인식 제공

▶ 환경보전농업을 보급, 정착, 발전시켜 생태계와 농촌환경을 보호하는 것이 관건
- 친환경농산물의 생산, 가공, 판매는 물론 환경농업인의 지역 간 교류, 올바른 먹거리를 위한 식당운영 등이 주요 사업내용

▶ 타 지역의 주요 행사지로 각광, 유기농업의 선진 마을로 연중 지역 견학과 연수 성황
- 타 지역 농업인 단체의 선진지 견학·연수, 지역 유치원 및 초·중·고등학교의 농사짓기 체험, 농촌생활체험 등 단체 방문이 많음
- 2백 명을 동시 수용이 가능한 환경농업교육관, 60여 명 숙박이 가능한 황토로 만든 숙소, 사라져 가는 조상들의 유물을 간직한 농촌생활 유물관, 수심이 얕고 한적한 물놀이장 등 시설 구축

트랙터 마차체험

떡방아 체험

사업현황 유기농 쌀 생산으로 환경보전과 관광, 두 마리 토끼를 잡다

▶ 홍동농협수매와 홈페이지 직거래, 관광·체험객들의 직거래로 마을 수입 향상
- 마을에서 생산되는 유기농쌀은 다른 지역 쌀보다 높은 가격으로 거래
- 홈페이지를 통한 판매가 매출액 30%를 차지, 관광·체험을 통해 연 3억6천만 원 상당의 소득 증가

▶ 교육관 내 식당, 노인정, 물놀이시설, 농촌생활유물관, 황토숙소 등 시설에 대한 관광객의 높은 만족도

▶ 1993년 마을 최초 오리 유기농법 성공, 제2의 도약을 꿈꾸는 마을 공동체
- 농어촌공사와 협력체계 구축, 순창군·대전 샘머리 초등학교와의 MOU 체결 등 여러 기관 및 단체와 협력관계 유지
- 소비자와 생산자가 나누는 마음의 축제, 소비자의 입맛에 맞는 유기농 쌀 생산 등으로 방문객 수 및 지역 농산물 판매 증가
- 정규직 10명, 체험강사 등 매달 비정규직 20-30명을 수시 고용함으로써 일자리 창출

▶ 숙소, 교육관 등의 유지비를 충당하고 안정적인 사업 환경을 조성하기 위해서는 소득 향상 필요, 마을공동체의 노력으로 산야초 등 가공시설 확대 계획

홍성 문당환경농업마을 전경

1촌1교 현장학습

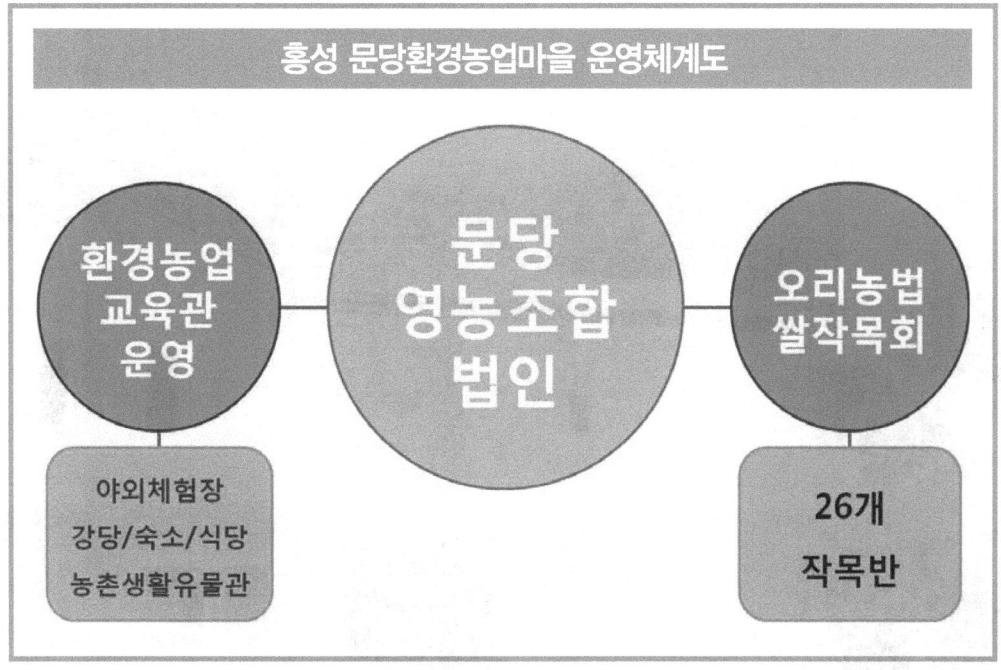

'홍성 문당환경농업마을'의 나아갈 길

- 생활관, 농업유물관, 체험관 등 기존의 시설 활용도를 높일 방안 강구
- 산야초 등 지역 농산물 가공 시설 구축
- 환경마을에 맞는 유기농 쌀 인프라 구축, 조청·한과 등 가공산업 진출 모색

편안한 휴식공간과 넉넉한 인심이 넘치는
옥천 장수체험마을

옥천 '장수체험마을'은 친환경 쌀을 주 작목으로 하는 옥천군 금강 상류 보청천변에 위치한 마을로 선돌, 고인돌 등 역사자원을 활용한 체험 프로그램을 활발히 운영하고 있다. 마을 내 자연자원 보존 역시 잘 되어있어 도시민들에게 편안함을 나누어주며 생산-가공-판매·관광·서비스를 모두 성공적으로 이뤄내고 있는 마을이다.

마을명 옥천 장수마을 **위치** 충청북도 옥천군 청성면 장수로 1길 79-1 **대표자** 한상길
설립연도 2009년(영농조합법인등록) **주요품목** 쌀, 잡곡, 고추, 인삼, 된장, 간장, 고추장
연매출 1억 원 **농가수** 26농가(마을민 53명, 부녀회원 23명) **수상경력** 2009 농촌전통테마마을 대상
인증내역 2010 충청북도명품만들기 마을선정, 2012 전국농어촌휴양마을 평가 '성공마을' 분류
홈페이지 http://jangsu.go2vil.org **전화번호** 043-733-9453

> **사업현황** 사계절이 아름다운 옥천에서 자연과 어우러지는 체험의 즐거움

▶ 마을 내 위치한 강, 산, 거리 등 아름다운 자연자원을 활용한 다양한 체험활동 시행
- 물놀이체험, 레프팅, 대나무낚시체험, 뗏목타기체험은 마을 내 보청천에서 이뤄지는 여름 체험학습 프로그램으로 방학을 맞아 찾아오는 가족단위 체험객 및 학생들에게 매우 인기
- 마을 뒷산 구지봉에 등산로를 조성하여 남녀노소 편안하고 건강한 체험 가능
- 금강유원지, 한반도 지형의 풍광을 볼 수 있는 둔주봉 등 활용 가능한 자연자원이 풍부

▶ 부녀회원 23명이 주축이 된 황토음식 체험장 운영과 농촌진흥청 숙박시설 지원 사업으로 체험마을의 안정적 운영 가능
- 두부 만들기, 올갱이국, 도리뱅뱅이 체험 등 다양한 지역 내 생산물을 이용한 향토음식 만들기 체험 가능
- 숙박시설 및 민박집 예약 및 관리는 장수마을에서 공동운영함으로써 공평하고 체계적인 시스템 구축

▶ 체험 사업은 물론, 농산물직거래장터를 통해 다양한 지역 내 농산물과 된장, 간장, 고추장 등 장류 가공품을 판매, 직거래 판로 정립
- 마을 내에서 이뤄지는 농산물직거래장터를 통해 안정적인 유통 판로 구축

뗏목타기 체험

전통테마마을 지정

사업성과 | 축제와 체험을 연계한 장수마을의 탁월한 선택

▶ **2009년 농촌전통테마마을 평가 대상 수상 후 지속적인 발전을 통한 마을 성장**

- 2007년부터 농촌전통테마마을선정 및 사업추진을 시작으로 2009년 농촌전통테마마을 평가 대상 수상, 2010년 충청북도명품만들기마을 선정, 2012년 전국농어촌휴양마을 평가 '성공마을'로 분류되는 등 발전 계획을 통한 성공적인 마을 성장
- 2011년부터 현재까지 '추억의 먹거리'를 테마로 주최하는 마을 축제는 마을을 알림과 동시에 지역 농산물 및 가공품판매로 인한 부가가치 창출

▶ **새로운 음식 체험 프로그램 및 농산물 수확체험, 다양한 이벤트를 통한 농가의 부가가치 창출**

- 체험마을로 선정되면서 마을 내 유휴인력을 활용하여 축제나 행사시 일자리 창출 가능
- 주변 환경, 음식과 관련된 체험활동을 통해 지역브랜드를 극대화하는 계기 마련

▶ **친환경으로 생산된 지역농산물, 가공품을 농산물직거래장터에서 판매함으로써 체험사업과 더불어 농가 소득 증대**

- 친환경 쌀, 잡곡, 고추들의 생산-가공-판매·관광·서비스를 연계해 소득 증대
- 참여농가들은 마을을 찾는 방문객을 통해 소득을 창출하며, 농산물직거래를 통해 체험마을 소득기반 조성

열쇠고리 만들기 체험

직거래 장터

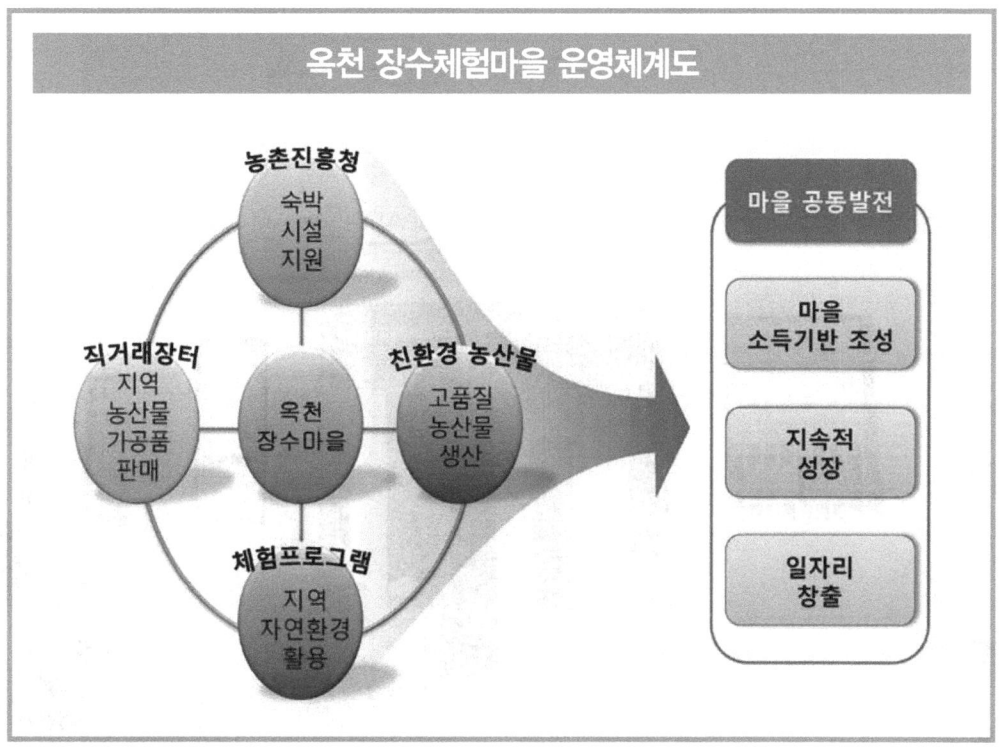

'옥천 장수체험마을'의 나아갈 길

- 공동 정산체제의 한계를 파악하고 효율적인 소득분배 방안 모색
- 가공상품인 장류를 연계한 다양한 체험 프로그램, 체험장 설립 계획
- 자연자원과 역사자원을 활용한 체험 프로그램 개발 노력

사계절 해피 농촌 크리스마스!
나주 이슬촌마을

'나주 이슬촌마을'은 다양한 작목 생산과 우수한 품질의 농산물을 기반으로 가공 및 체험활동을 운영하고 축제, 가공 및 체험을 통한 홍보효과로 마을의 성장을 꾀한 생산 중심형 공동체 마을이다.

마을명 나주 이슬촌마을 위치 전라남도 나주시 노안면 이슬촌길 119 대표자 김용남 설립연도 2001년
주요품목 쌀, 배, 고구마, 감자 연매출 1억 원 농가수 70호 시설현황 크리스마스 카페, 이슬촌 반찬가게, 체험장
사업내역 2001 팜스테이 마을, 2004 녹색농촌체험마을, 2011 전라남도 반찬사업
홈페이지 www.eslfarm.com 전화번호 061)335-0123

사업현황 | 다년간 체험마을 운영으로 쌓인 내공과 노하우가 성공 포인트!

▶ **외지인에 대한 열린 마음을 가진 마을 주민들이 2001년부터 체험마을을 시작하여 13년째 운영 중**
- 1927년 문을 연 노안성당을 기반으로 마을 주민들이 주말농장과 팜스테이 사업을 통해 오랜 기간 체험마을을 운영
- 2004년에는 녹색농촌체험마을로 지정되어 민박시설, 체험장, 농산물판매장, 가공시설, 체험시설 등을 지원받아 보다 다양한 프로그램을 실시

▶ **지역특산물을 활용한 가공사업을 체험 프로그램과 함께 운영하여 6차 산업의 기본적인 형태 완성**
- 기존에는 지역 특산물인 깻잎을 생산하여 지역 가공공장에 납품했지만 좋은 가격을 받지 못해 마을 내에서 자체적으로 깻잎을 가공하여 판매
- 3천만 원의 마을사업 지원금을 통해 깻잎 가공시설을 만들고 반찬가게라는 이름으로 직판장 운영

▶ **나주 이슬촌마을의 원활한 사업진행을 위해 위원회를 조직, 이를 중심으로 다양한 프로그램 진행**
- 마을이장, 부녀회장, 새마을 지도사, 노인회장 등이 위원으로 참여하는 위원회는 각각 팀장이 되어 마을주민들과 팀을 이루어 다양한 체험 프로그램 진행
- 농사체험(벼베기 등 16종), 농촌생활체험(장담그기 등 12종), 생태체험(산림욕 등 15종), 건강/요리체험(깻잎 인절미 만들기 등 20종) 등 다양하게 구성
- 매년 실시하는 이슬촌 크리스마스 축제를 통해 마을을 홍보하고 체험객을 유치할 수 있는 기회 마련

나주 이슬촌 가공시설

나주 이슬촌마을 안내도

> **사업성과** 국내 최초 마을단위 크리스마스 축제 개최

▶ 우수한 품질의 쌀, 벼, 깻잎, 배추, 고구마, 감자 등 다양한 작목 생산을 기반으로 농가소득의 기틀 마련
- 다양한 품목을 생산하기 때문에 판매시 품목다양화를 이룰 수 있고 이를 기반으로 품목별 체험 프로그램 진행이 가능
- 마을이 힘을 합쳐 사업을 실시하기 때문에 기존에 영세한 마을에서 안정적인 소득을 유지할 수 있는 마을로 성장

▶ 국내 최초 마을단위 크리스마스 축제 개최, 내방객들의 만족도를 높이고 주민들의 소득 향상에 크게 기여
- 마을단위로는 국내 최초로 크리스마스 축제를 열어 산타마을로 전국적인 홍보효과를 가져오고 겨울축제가 어려운 농촌지역에 새로운 대안을 제시
- 다양한 프로그램을 바탕으로 매년 1만 명 이상의 방문객을 기록하였으며, 이 중 5일간의 크리스마스 축제기간에 5천 명 이상 방문
- 총 63개의 프로그램을 개발하여 계절별로 운영하며, 프로그램의 다양화로 높은 재방문율 자랑

▶ 주민들의 남다른 결속력이 강점, 다양한 지원사업과 기관 연계로 마을 성장
- 천주교 신자가 많은 마을 주민들의 특성상, 오랜 전통과 역사를 가지고 있는 노안성당을 중심으로 결속력을 다짐. 주민동의가 필요한 다양한 사업들이 원활하게 진행
- 팜스테이 사업을 시작으로 2004년 녹색농촌체험마을, 2007년 신활력사업 나주배 정주생태사업, 2011년 전라남도 반찬사업 등을 실시

이슬촌 크리스마스 축제

나주 이슬촌 농촌마을

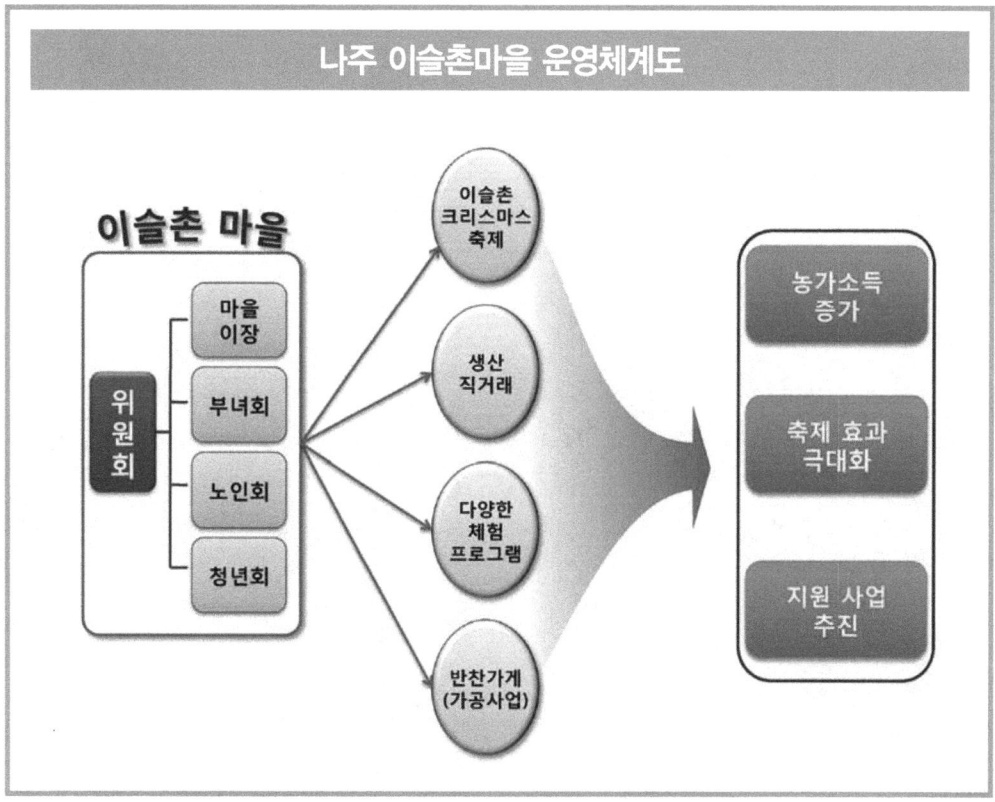

'나주 이슬촌마을'의 나아갈 길

- 크리스마스 축제로 마을을 홍보하는 계기가 되었지만 특정기간이 아닌 연중 꾸준한 체험객 유치에는 어려움
- 고령화 된 마을구성원으로 인해 체험활동을 운영하는데 어려움이 있어 귀농·귀촌을 통한 인력확보가 필요
- 체험 프로그램과 가공상품 판매가 1차 생산물의 판매증가로 이어질 수 있는 홍보활동이 필요

신품종 '청아콩', 내린천 두부 명품화에 앞장서다
인제콩영농조합법인

인제콩 명품화를 위해 2007년 인제농협과 기린농협회원 427명이 가입하여 결성한 '인제콩영농조합법인'은 강원도농업기술원에서 개발한 '청아콩' 품종을 도입하여 100% 계약재배로 생산 중이다. 두부 가공은 기린농업 산하 가공공장에서 이루어지며, 생산된 제품은 '내린천 두부' 브랜드로 강원도와 수도권의 농협직판장, 대형마트, 군부대, 학교급식으로 납품하고 있다.

법인명 인제콩영농조합법인 위치 강원도 인제군 기린면 현리 639-3 대표자 전현빈 설립연도 2007년
주요품목 콩 연매출 20억 원 농가수 427여 농가 홍보 세계농업기술상 인증내역 지리적 표시제 선정

사업현황 신품종 '청아콩' 도입을 통한 수익 창출

▶ 강원도농업기술원에서 두부와 장류 가공용으로 개발한 신품종 '청아콩'을 지역적응시험을 통해 우수성 확인
- 기상재해 대비, 내재해 품종의 조기보급과 가공용 콩의 농가단위 장기사용에 따른 애로사항을 해결하기 위해 신품종 개발
- '청아콩'의 조기보급을 위해 도원(종자공급) – 농업기술센터(포장선정·관리) – 재배농가·농협(수확, 판매)등 역할분담 체계 확립

▶ 거점 채종포를 일반농가의 현장견학, 벤치마킹 시범포로 활용하여 신품종의 우수성과 재배법 조기보급
- 인제군농업기술센터에서는 콩 재배 우수농가(농촌진흥청 겸임연구관)를 '청아콩' 채종포 단지로 지정하여 이웃농가들이 상시 현장을 보고, 판단할 수 있도록 운영
- 초기에는 회원농가들이 신품종 도입을 망설였으나, 2년째부터는 농업기술센터의 적극적인 교육과 지도로 급속히 확산

▶ 선도농가와 강원도 농업기술원 공동으로 현장평가회를 열어 '청아콩' 비닐멀칭 재배시험의 경제적 효과 입증
- 청아콩의 수확량은 10a당 250~290kg을 생산하여 강원도 농가 평균 수확량 170 ~ 200kg보다 높은 증수효과 입증
- 도복이 강하고 순지르기 작업을 하지 않아도 신초발생이 우수하여 수확량에 지장이 없는 것이 신품종의 특징
- 비닐멀칭을 함으로써 잡초발생이 적고, 농약 값이 적게 들며, 노동비가 상대적으로 절감되는 간접 효과
- 내재해, 내도복성의 장점뿐만 아니라 일반콩보다 성숙기가 4~5일 빠르고 두부수율이 10% 정도 높아 가공업자들이 선호

내린천두부 가공사업소

인제콩영농조합법인

사업성과 '도농업기술원 – 농업기술센터 – 영농조합법인' 유기적 협력체계 구축

▶ 콩 생산은 영농조합법인, 가공·유통은 지역농협 산하 두부가공식품공장에서 상품화하여 판매
- 회원농가는 영농조합법인과 100% 계약재배를 통해 매년 14억원의 안정적인 소득지원으로 생산에만 전념할 수 있으며 일반콩 가격보다 10% 높은 수매 가격으로 해택
- 안정적인 원료공급과 인제군의 행정지원을 통해 '내린천 두부' 브랜드로 강원도 및 수도권 대형마트 등의 유통로를 확보하고 이익금은 회원농가에 환원
- 또한 시설의 고급화와 현대화에 힘써 HACCP인증을 얻었으며, 일반인을 대상으로 공장견학과 우수한 품질 안전한 두부 만들기 체험 프로그램도 진행 중

▶ 인제군농업기술센터에서 콩을 지역5대 명품 농특산물로 육성하기 위해 농자재 보조지원과 주기적인 맞춤형 교육 실시
- 친환경 콩 단지 육성을 위해 회원농가에 대해 피복비닐, 친환경농약, 비료 보조지원 등 실시
- 콩 수량 증대와 지력 유지를 위해 유용 미생물(EM-1)을 무상으로 보급, 회원농가들의 호응도가 매우 높음(약간의 비료 절감효과도 있음)
- 지리적 표시 단체등록을 통해 '인제콩'의 인지도 향상과 차별화에 노력하고 있으며, 주기적으로 콩 관련 전문가들을 초청하여 교육 및 컨설팅을 지원함
- 강원도농업기술원과 협력관계를 맺어 '청아콩'외 〈강일〉, 〈대왕〉, 〈호반〉등의 신품종을 보급·지원하고 있으며, 최신 농업기술정보 보급과 품종 단일화에 노력

▶ 인제콩영농조합법인의 엄격한 품질관리와 등급기준, 이력추적관리 등의 철저한 관리시스템을 통해 브랜드 명성과 특성을 유지·발전시키고자함
- 콩 종자선택, 파종, 시비, 병해충 방제, 수확 후 관리 등의 매뉴얼을 발간·배포하였고, 영농교육과 기술지도, 컨설팅을 통해 농가의 애로사항을 해결
- 농산물표준규격 콩 등급규격을 기본으로 '특품', '상품', '보통'으로 구분하여 수매하고 있어 회원들의 공평성을 확보
- 회원농가별 생산량, 출하량 기록대장, 지리적 표시 재배과정, 저장·선별·포장과정 조사표 등 의무적으로 작성·분석하는 작업 시행

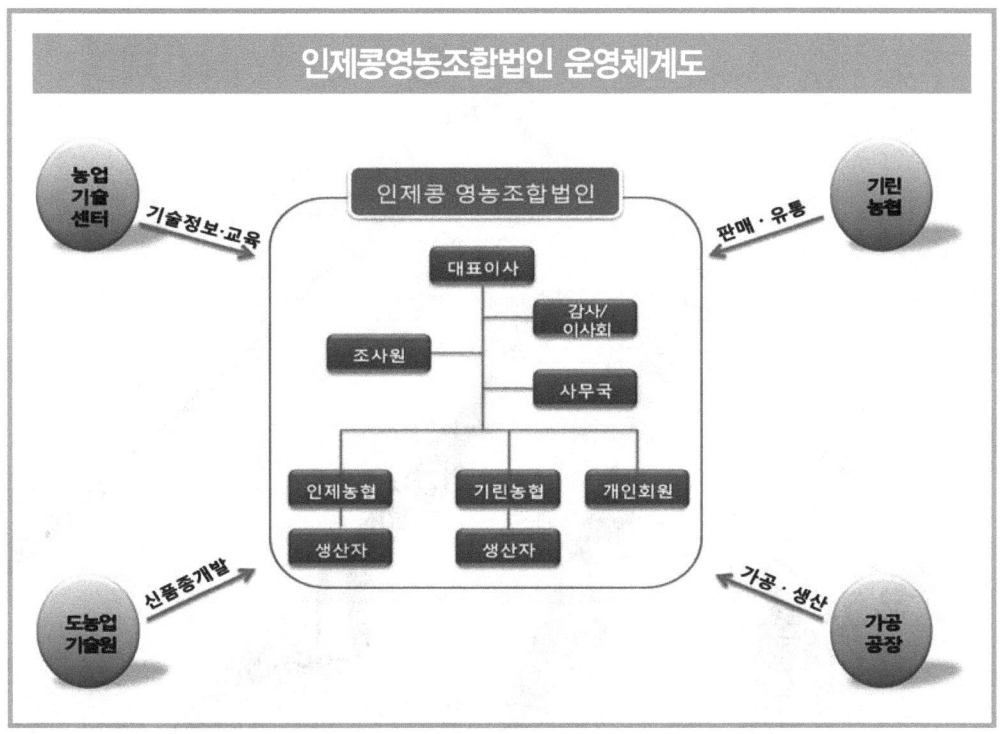

'인제콩영농조합법인'의 나아갈 길

- 콩의 생산(1차, 법인) – 가공(2차, 두부가공공장) – 유통(3차, 기린농협)의 조화로운 역할분담으로 안정적인 6차 산업 구조화를 이룸
- 기능성식품 수요 확대로 콩 제품 소비시장이 확대되고 있어, 향후 친환경 유기재배를 통해 안전·안심 먹거리로 차별화가 필요
- 대기업들이 두부, 콩나물 등의 시장을 점유하고 있어 틈새시장 구축과 안정적인 판로를 위한 지역농협간의 연대 등의 노력 필요
- 지금의 발전계도에 도달하는데 '도농업기술원 – 농업기술센터 – 영농조합법인' 간의 유기적인 관계형성이 큰 역할을 했으므로 앞으로도 관계를 지속적으로 유지·발전시키는 것이 중요

우보천리(牛步千里), 대기만성(大器晩成)
(주)우보농산

'우보농산'은 25년 전, 아스파라거스를 국내 시장에 정착시키기 위해 일본에서 도입했으나 거듭된 실패를 맛보았다. 마침내 유기농 시설재배에 성공하여 지금은 전국 150여 농가, 50여ha에서 재배하고 있다. 아스파라거스는 정부가 선정한 신소득 작물로 대규모 생산단지를 조성하여 국내시장뿐만 아니라 수출작물로 육성되고 있으며 이를 통해 우보농산은 새로운 도약을 꿈꾸고 있다.

법인명 (주) 우보농산 **위치** 강원도 홍천군 화촌면 구룡령로 98-18 **대표자** 설동준 **설립연도** 1992년
주요품목 아스파라거스 **연매출** 50억 원 **농가수** 회원 150농가 **홈페이지** www.asparagus.co.kr
전화번호 033-435-5332

사업현황 : 수많은 시행착오 끝에 유기농 고품질 생산기술 확립

▶ 1단계 규모화된 고품질 농산물 확보, 2단계 판매·마케팅 시스템 구축, 3단계 부가가치 높은 가공상품 개발을 기초로 한 사업전략 수립

- 현재 우보농산은 홍천, 제주, 양양, 구리 4곳의 직영농장 1만 5천 평을 경작하고 있으며, 납품하는 150개 회원농가 50ha에서 물량 조달
- 2006년 우보농산 주식회사를 설립, 판매와 마케팅을 체계적으로 추진해 회원농가들은 생산에만 전념할 수 있는 환경 구축
- 도입 당시에는 국내시장이 전무했으나 25년간 꾸준히 노력한 결과, 지금은 국내 아스파라거스 시장의 선두주자로 자리매김

▶ 국내외 수출시장 분석을 통한 마케팅 전략 수립과 소비시장 확대를 위한 판촉, 시식행사를 병행 추진하여 시장 점유율 상승 도모

- 아스파라거스가 생소하던 시절에는 가락동도매시장에서 생산비 이하로 경락되는 시련을 겪었지만 특유의 효능이 알려지면서 소비시장, 재배면적 확대
- 국내가격의 4배 수준의 수출단가로 계약을 체결, 수출농가 소득에 크게 기여
- 현재는 CJ프레시웨어를 통해 매주 2회, 1.2톤을 수출하고 있으며, 품질경쟁력(당도가 높고, 아삭한 맛, 신선도가 우수)이 높아 수출 주문량이 늘어가는 추세
※ 일본의 채소류 수입시장 규모는 1위가 브로콜리, 2위 아스파라거스, 우리 수출품 파프리카는 5위임

▶ 안정된 생산물 확보와 품질 고급화를 위해 시설하우스 시험재배 실시, 재배기술을 확립하여 회원 농가에 보급

- 초창기에 농진청 시범사업 지원으로 시설하우스에서 1차 시험재배를 하였으나, 태풍피해로 어려움을 겪었으며, 2·3차 공동시험재배를 거듭하여 기술 확립

아스파라거스 농장

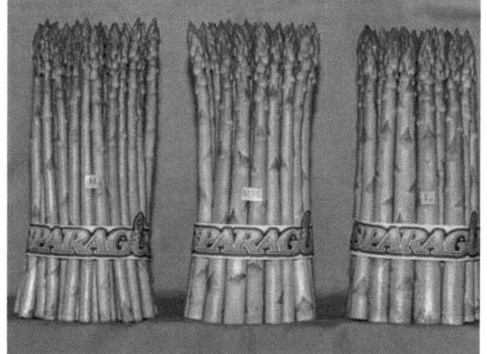
묶음 포장

사업성과 농산물 생산에서 가공 산업으로 변신한 아스파라거스

▶ 아스파라거스의 수급조절과 부가가치 향상 방안으로 자회사를 설립하여 가공제품을 생산, 효자상품으로 변신
- 소비자 니즈에 맞추어 고품질, 고효능의 아스파라거스 냉면, 분말, 녹즙, 아스파라거스 돼지갈비, 엑기스(원액) 등 다양한 제품개발
- 특히 아스파라거스 분말과 착즙으로 면과 육수를 낸 아스파라거스 냉면은 호텔과 골프장을 중심으로 판매되고 있으며, 일본시장에도 수출 중
- 가공상품 등은 온라인 판매 비중이 높으며, 아스파라거스와 함께 먹는 육류, 면류 등 특화된 프랜차이즈 외식사업도 추진 중

▶ 꾸준히 증가하는 소비량과 생산량을 염두에 두고 다양한 판매처 확보와 거래처 관리를 위해 노력
- 생산량 증대와 판로확보를 위해 인터넷판매(35%), 직거래(35%), 수출(30%) 등 다양한 거래선 유지

▶ 회원 농가를 대상으로 직접 교육하고 관리함으로써 농가 간 기술 차이를 없애고 상품 품질의 균일화를 위해 체계적인 관리 시스템 구축
- 매년 전국 농가를 순회하며 교육을 진행하고, 웹을 통한 상시교육으로 농가가 전국에 분포함에도 불구하고 품질 균일화 달성
- 가격결정 구조에 대한 교육도 실시하여 일시적으로 높은 가격 보다는 1년을 기준으로 평균 수익을 창출할 수 있는 가격을 받는다는 신뢰 형성

아스파라거스 일본수출

아스파라거스 선별

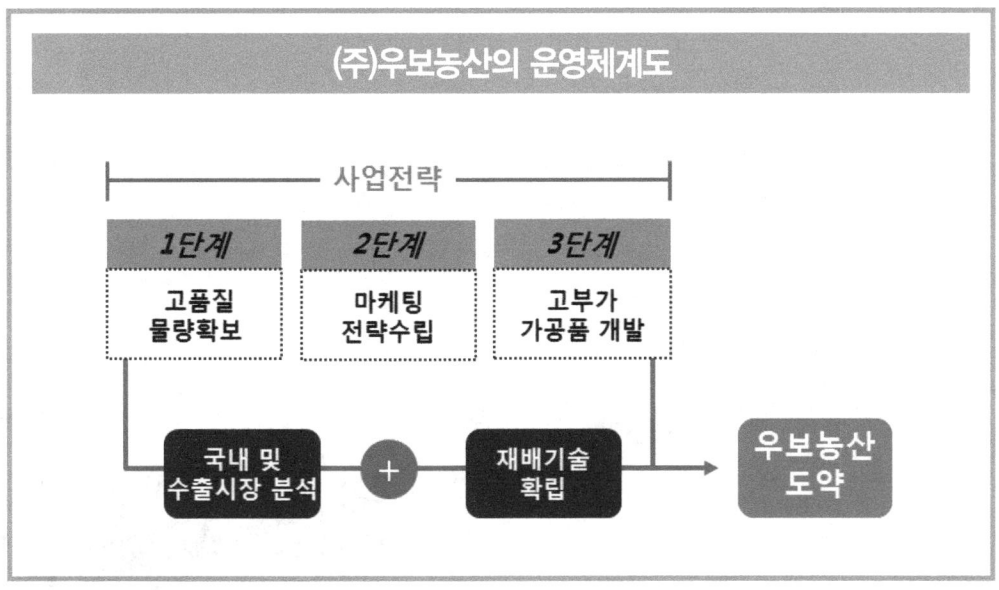

'(주)우보농산'의 나아갈 길

- 아스파라거스의 다양한 판매 루트와 다각화를 위해 물류유통사업단을 설립하여 직거래 확대 방안 모색
- 수출국 내 백화점, 마트에서 바로 판매가 가능하도록 100g 단위 소포장화 필요
- 안정적인 수출물량 확보와 국내 아스파라거스 생산량 증대를 목표로 생산기술 전파

진도 검정쌀의 생산-가공-유통-수출까지
하루愛세끼영농조합법인

소비자의 건강도 지키고 쌀 소비를 확대하자는 의미로 조합명칭을 지었다.
흑미농사 가업을 이어받기 위해 10여년 전 귀농하여, 녹색쌀, 붉은쌀, 백진주쌀, 찹쌀현미 등 오색미를 소포장으로 유통하여 큰 인기를 얻었고, 최근에는 흑미콘플레이크, 흑미차를 개발하여 국내시장뿐만 아니라 해외시장 진입을 눈앞에 두고 있다.

법인명 하루에세끼영농조합법인 **위치** 전라남도 진도군 진도읍 쌍정리 134번지 **대표자** 채원준 **설립연도** 1992년
주요품목 흑미 **연매출** 15억 원 **농가수** 회원 40농가 **인증내역** 친환경무기농 쌀, 전라남도도지사 인증농산물

사업현황 대를 이어 재배해온 진도 흑미, 진도군의 특산물이 되다

▶ **생산-가공-유통이 체계적으로 이루어지는 영농조합법인으로 사업 다각화**
- 흑미 원료곡은 자체생산 30ha와 마을회원 40여 농가, 계약재배 30ha, 그리고 인근마을에서 일반수매로 40ha에서 조달
- 계약재배를 지속적으로 유지하기 위해 농협 수매가격(시중거래가)보다 가마 당 5천 원씩 보상해주고 있으며, 품종통일을 위해 공동육묘장을 운영하여 묘 공급
- 부친이 1992년부터 운영해오던 영농조합법인을 2007년부터 본격적으로 도맡아 운영하면서 아버지는 생산분야, 도정 및 가공분야는 동생과 아내, 유통·판매·경영은 대표 본인이 담당하여 체계적 운영

▶ **친환경 무농약재배로 차별화 시도, 상품화는 소비 트렌드에 맞게 소포장하였으며 유통기간을 짧게 하는 판매전략**
- 마을 앞 간척지가 농업기술센터의 지원 아래 친환경 벼 재배단지로 육성되어 자연스럽게 우렁이농법 등 무농약으로 재배
- 당일 도정, 당일 배송을 원칙으로 하며, 핵가족을 겨냥한 소포장(1kg, 2kg, 3kg, 5kg) 판매

▶ **농업기술센터와 농촌진흥청의 지원으로 지역에 맞는 품종선발, 병해충 피해를 저감하는 재배기술 보급으로 안정적 생산 및 수량 증대**
- 2008년에 진도군에 강타한 줄무늬잎마름병 피해를 계기로 농진청에서 개발한 407계통 흑미 품종 중 균일성과 수량성, 병충해에 강한 24계통의 우수품종 보급
- 이앙작기 시험결과로 6월 10일 이후 새로운 재배법 보급, 착색이 우수한 흑미 생산
- 진도군의 흑미 재배면적은 1,920ha로 전국 최대, 진도군 명품 특산물로 선정

수확

흑미

사업성과 　부가가치 향상을 위해 생산에서 가공·유통으로 다각화 추진

▶ 웰빙 기능성 식품의 소비 증가로 전국적으로 흑미 재배 면적이 확대되면서 경쟁력 저하의 문제 발생, 흑미 가공, 유통 등 사업의 다각화 추진
- 초기에는 흑미에 녹색쌀, 붉은쌀, 백색진주쌀, 찹쌀현미를 섞어 만든 오색미를 출시하여 큰 반향을 일으켰으나 전국적으로 경쟁상품이 출시되어 위기 도래
- 자체 내 흑미를 이용한 쌀 과자 제품을 만들어 백화점 등에 론칭였으나 실패
- 이런 와중에 농업기술센터에서 지역농업 특성화사업으로 가공공장시설과 상품화 기술지원을 받게 되어 콘플레이크흑미차 개발

▶ 신제품 '흑미차' 상품을 영농조합법인의 향후 주력 품목으로 선정하고 국내외 박람회 및 백화점 시식회 등을 통한 행사 마케팅 시행
- 1차 홍보 전략은 흑미차 고객들에게 샘플 상품과 자필편지로, 2차는 국내 식품박람회와 중국·홍콩 등 국제식품박람회 출시, 3차는 대형마트 시식회로 단계별 홍보 진행
- 검정쌀 생산량은 흑미 가공상품으로 30% 사용되고 직거래로 일반 정미상품 70%가 판매되고 있으며 향후 50 : 50 비율로 조정 계획

▶ 구기자, 율금와 더불어 진도군 농특산물 명품화 사업에 검은쌀이 선정되어 다양한 지원을 받을 수 있는 것이 사업 다각화의 원동력으로 작용
- 진도 검정쌀 전분을 이용한 가공상품화 사업으로 3억 원 지원, HACCP 인증 가공시설 건립과 흑미차 기술컨설팅 지원 혜택
- 제품의 포장 디자인, 성분분석 등을 지원 받아 '하루에 세끼 흑미차' 상표 등록
- 무인항공방제기 지원으로 회원농가들에게 친환경 약품 공동방제 실시

오색미

콘플레이크흑미차

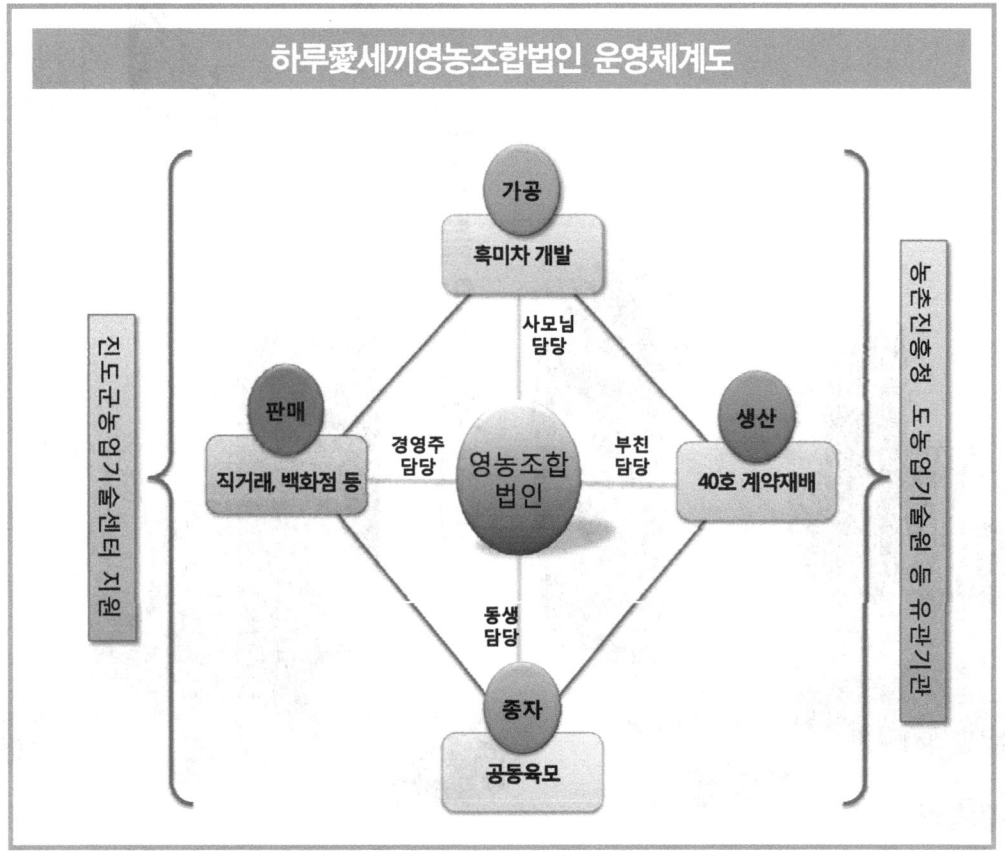

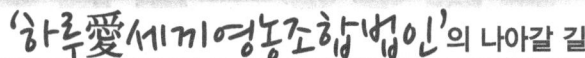의 나아갈 길

- 웰빙 건강식품으로 '흑미' 소비시장이 확대되고 진도군의 지역농특산물 명품화 품목으로 지정되어 다양한 혜택 수령
- 주력 가공상품인 '흑미차'가 시장 가능성이 보여 희망적이나 유사제품들이 넘쳐나고 있어 차별화 및 독자시장 구축을 위한 방안 마련이 필요
- 친환경 무농약재배가 지속적으로 이루어져 진도 흑미의 이미지 구축 및 인지도 향상에 전력
- 자체 홈페이지 구축 및 페이스북 등 '흑미차' 홍보마케팅에 주력할 필요가 있으며, 다른 진도특산물과 연계한 상품개발, 마케팅 필요

자원 순환형 친환경 지역농업을 실현한
푸른들영농조합법인

충청남도 아산시에 위치한 푸른들영농조합법인은 자원 순환형 클러스터 사업에 선정되며 친환경농업 생산화를 확대하고 있는 생산자조합이다.
50인으로 구성된 협의체로 유기농산물 전문판매장 '한살림'과 끊임없는 교류를 통해 고품질 친환경 쌀을 소비자에게 안전하게 유통해나가고 있다.

법인명 푸른들영농조합법인 **위치** 충청남도 아산시 음봉면 동천리 102번지 **대표자** 이호열 **설립연도** 1999년
주요품목 쌀, 두부, 두유, 배즙, 양파즙, 육가공식품 등 **연매출** 300억 원 **농가수** 50명
인증내역 2005 아산시 자원순환형 클러스터 사업 선정, 2006 ISO9001/ISO14001/HACCP인증, 2008 산지유통조직 선정, 2008 해외농업개발지원사업 선정 **전화번호** 041-253-0088

사업현황 : 지역농업과 순환·공생을 중요시하는 마을 기업

▶ 한살림, 지역농업 클러스터 등 아산시 친환경 지역농업을 추진하고 있는 든든한 단체들을 기반으로 농산물 생산

- 현재 아산시 친환경 지역농업을 추진하고 있는 조직이며 아산시청의 적극적인 지원으로 친환경 농업생산화를 확대할 수 있는 방향 제시
- 2005년 농식품부에서 선정한 아산시 친환경 지역농업 클러스터 사업으로 각종 생산 및 저장, 물류시설 및 가공사업에 대한 기반사업 확대

▶ 한살림 소비자조합과 출하약정을 통한 안정적인 출하처 확보

- '푸른들'이 농산물 저장, 출하관리, 시설관리 등을 담당하고, 생산 품목에 대하여 한살림과 99% 출하약정을 통해 안전한 판로시스템 구축
- 생산자 회원을 통해 계획 생산한 농산물을 유통하며, 유통 및 판매에 대한 관리와 임무를 분담하여 체계적이고 효율적인 6차 산업 기반 구축

▶ 직거래장터, 친환경급식 및 체험학습 프로그램 시행 등 농가와 일반인들의 네트워크 형성 마련

- 잉여농산물 및 기타 미발주 농산물은 직거래 형식으로 소비자에게 공급
- 농촌체험, 모내기행사 등 체험활동을 통해 지역 내외 네트워크 강화

푸른들영농조합법인 외관

푸른들영농조합법인 식품공장

사업성과 꾸준하고 지속적인 성장, 발전과정을 거쳐 지역농업 실현

▶ 친환경농업 회원 수와 재배면적의 확대로 재배 가능한 품목 수 증가, 양적인 성장 달성
- 지역농업의 실현방안에 대한 논의를 시작했던 1999년 19명이었던 회원수가 2012년 356명으로 18배 증가, 면적 또한 1999년 18.2ha에서 2012년 470ha로 29배 증가
- 2012년 기준 연매출액은 260억 원이며 2001년 2억 원의 연매출액을 계산해 볼 때 10여 년 만에 무려 130배라는 놀라운 성장 이룸

▶ 생산자 단체의 조직체계 구축으로 환경 농가관리 및 조직화 효과 증대, 친환경 지역순환 농업 실현
- 주로 생산분야 업무를 담당하고 있는 아산연합회와 수확 이후 모든 업무를 담당하고 있는 푸른들, 그 업무를 이어받아 시장에 출고하는 한살림까지 체계적인 업무분담으로 효율성 극대화
- 농산물 부산물을 활용한 유기경종순환 농법으로 쌀 등 다품종 생산을 통한 농가소득 증대

▶ 지역농협, 지자체, 지역대학 및 연구기관과의 관계가 형성되며 친환경농업 기반형성에 조력 가능
- 친환경농업에 대한 관심과 지원이 증대되면서 지자체의 집중적인 지원을 받고 있으며 지역농협 또한 일시 수확되는 농산물(콩, 양파, 쌀)에 대한 수매자금의 일부 지원 혜택
- 2005년 지역농업클러스터 사업을 계기로 지역의 생산자, 대학 교수 및 연구자 등 유기적 관계 유지

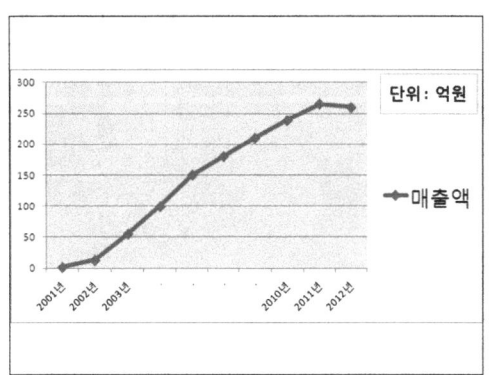

연매출액

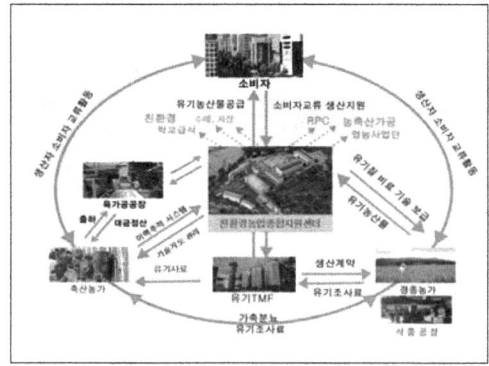

친환경 지역순환농업 모델

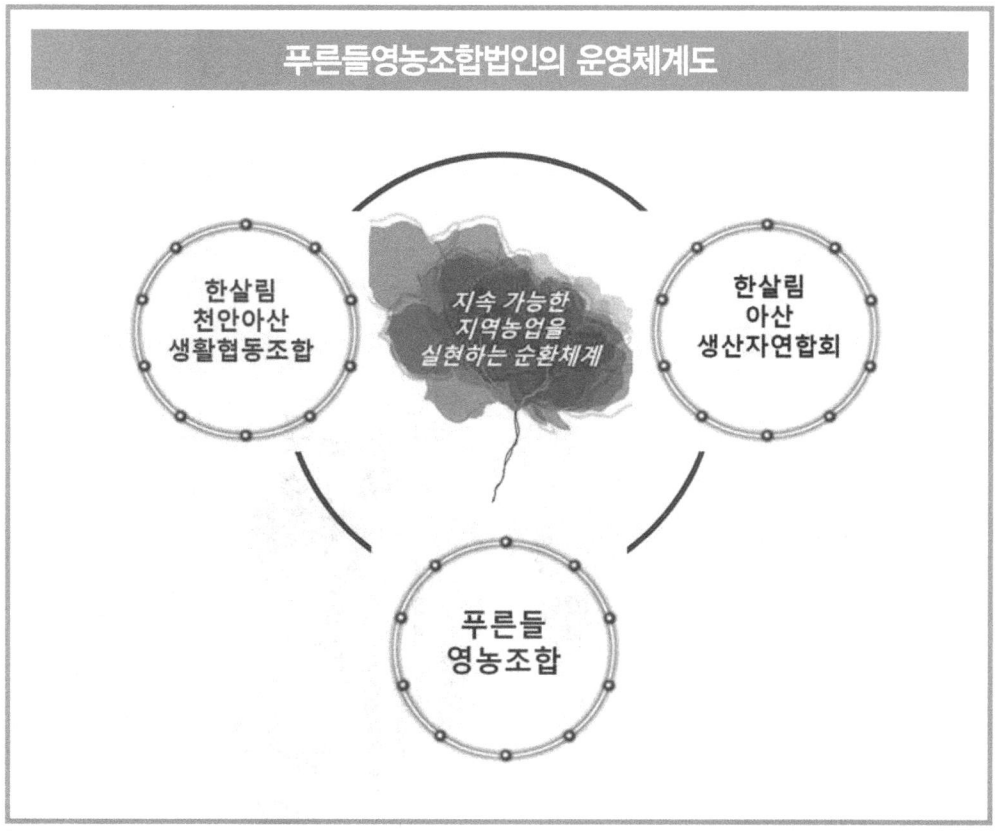

'푸른들영농조합법인'의 나아갈 길

- 기존의 물류센터를 리모델링하여 가공품 건물 설립 계획
- 절단, 세척, 소포장, 위생시설이 가능한 농산물산지유통센터 설립 계획
- 쌀, 채소, 과일, 축산물, 가공식품 등 로컬푸드 및 수도권 학교급식 품목 생산과 공급사업 구성

생명, 추억, 희망이 넘실거리는 청보리밭 추억여행
군산 꽁당보리연구회

정부의 보리수매 중단으로 300여 보리재배농가들이 모여 자생적으로 살길을 모색하기 위해 조직된 꽁당보리연구회. 농업기술센터의 도움을 받아 도시 소비자들에게 보리의 효능, 다양한 가공식품을 알리기 위해 매년 5월 첫째 주부터 5일간 '꽁당보리축제'를 개최하는 등 활발한 활동을 펼쳐가고 있다.

연구회명 군산 꽁당보리연구회 위치 전라북도 군산시 개정명 운회리 633-7 대표자 이태만 설립연도 1996년
주요품목 꽁당보리 연매출 1억8천만 원(간접효과 32억 원) 농가수 300여농가 홍보 TV 방송부문 연 10회,
라디오 부문 연 60회, 홈페이지 및 제품라벨 활용 인증내역 흰찰쌀보리 지리적 표시제 선정
홈페이지 tour.gunsan.go.kr 전화번호 063-450-3000

사업현황 | 농업인들의 생계형 동네축제에서 지역 대표축제로 거듭나다

▶ **지역 농업소득의 30~40%를 차지하던 보리수매가 감소하면서 새로운 소득 작목의 필요성 대두**
- 곡창지대인 미성리는 주 작목이 벼농사이고, 후작으로 보리를 재배하여 안정적인 농가소득을 확보하는 경작구조
- 인근 지역(대야면, 회현면)에서 재배하는 흰찰쌀보리를 활용, 건강을 중시하는 웰빙 트렌드 확산 등 대내외 환경분석 결과에 따라 주요 전략작목으로 선정

▶ **축제를 통한 홍보마케팅으로 틈새시장 공략, 지역 인지도 및 브랜드화 추진**
- '꽁당보리축제' 1~2회는 농업인 개별 차출을 통해 소요비용 충당, 3회 때부터 지방자치단체의 재정적 지원으로 흰찰쌀보리 재배 농업인들이 자발적 참여 유도
- '꽁당보리연구회'를 조직하여 축제주관기관으로 역할

▶ **축제추진위원회, 자문위원회 구성, 명확한 업무분담 및 유기적 협력체계 구축**
- 축제실무는 농업기술센터, 축제실무위원회를 중심으로 운영, 축제진행은 농업기술센터, 미성농업발전협의회가 추진하며, 인력지원은 농업인단체 및 봉사단체에서 협조
- 자문위원회에서는 행사에 대한 자체평가와 설문조사를 통한 다양한 의견 개진

▶ **미디어, 온라인, 옥외광고물 등 적극적인 홍보강화로 단기간에 축제의 인지도 향상 및 '꽁당보리' 농산물 브랜드 효과를 극대화**
- 지역 TV, 라디오, 카페 및 블로그 홍보, 배너 링크 및 홈페이지, 페이스북 등 SNS 활용, 행정 거치대 및 육교 현수막, 애드벌룬 등 홍보수단 동원
- 전국 단위 홍보를 위해 롯데주류와 협력, '처음처럼' 소주병라벨을 활용한 대대적 홍보

꽁당보리 전시

꽁당보리 장터

사업성과 가족형 체험행사 외 보리자원을 활용한 먹거리, 볼거리가 한가득

▶ 보리를 주제로 공연마당 등 7개 부문 56개 프로그램 진행, 농업자원과 지역문화, 농산물이 결합한 6차 산업으로 승화
- '꽁당보리 아줌마 선발대회' 등 공연마당 13개 프로그램, '보리 인절미 떡메치기' 등 체험마당 16개 프로그램, '짚풀 미끄럼틀' 등 놀이마당 8개 프로그램 진행
- '보리밭 홍보관' 등 전시마당 9개 전시, '보리밭 사이길 걷기' 등 산책마당 5개 행사, '맥주체험 시식' 등 쉼터마당 5개 행사, 장터마당의 꽁당보리 먹거리 및 농특산물 전시·판매 등 다양한 프로그램 및 행사 진행

▶ 흰찹쌀보리 지리적표시제 등록, '꽁당보리' 브랜드화로 인지도 및 직거래 판매비율 증가
- 일반쌀의 직거래비율이 90%, 보리빵, 떡 등 가공식품의 비율이 10%로 구성
- 직거래비율 증가로 농가수취 가격 상승, 보리도정·택배·가공식품 판매 등으로 일자리창출과 지역경제 활성화 도모

▶ 방문객이 참여할 수 있는 체험 및 공연, 전시 집중편성으로 방문인원 15만 7천명 달성, 해마다 방문객 급증
- 2012년 방문객 14만3천명에 비해 10% 증가, 농산물 판매액도 108백만 원으로 전년 대비 24% 증가
- 농번기와 겹쳐 축제 지원 인원 확보와 주차난 등의 문제해결이 시급

축제전경

체험 프로그램

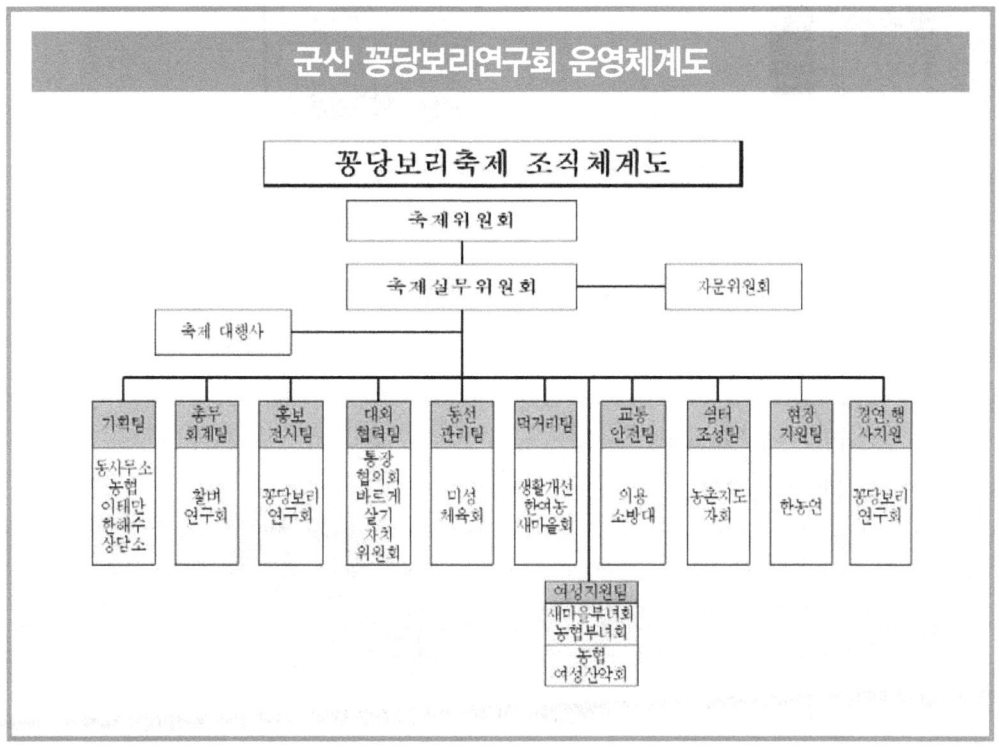

'군산 꽁당보리연구회'의 나아갈 길

- 관 주도의 축제가 아닌 민간주도의 축제행사로 행사비용 조달 및 농업인의 고령화로 보조인원 동원 등의 문제 발생
- 체험, 공연, 전시 등 관광객이 참여할 수 있는 다양한 프로그램 진행으로 만족도가 높은 것으로 평가됨. 형식화 보다는 지속성과 내실을 기하는 방향으로 발전 필요
- 친환경 유기재배, 우리 품종 등으로 농업기술센터 및 연구기관과 연계하여 인지도 제고는 물론 지속가능한 축제를 위한 노력 필요

세계시장에서 굳건히 1위를 고수하고 있는 접목선인장
고양 선인장연구회

고양 '선인장연구회'는 인근 선인장연구소와 산학연협력단의 지원으로 신품종 보급 확대와 생력화 재배기술을 도입, 국제경쟁력 향상을 통해 매년 높은 수출량을 자랑한다. 또한 공동직판장 개설, 인터넷 직거래활성화 및 유통비용 절감으로 소비자 효용을 증가시키고, 생산자 수취가격을 높이는 등 활발한 사업전개로 6차 산업을 실현하였다. 최근에는 떡, 양갱, 막걸리 등의 선인장 가공식품을 개발하여 소비시장을 확대하고 있다.

연구회명 선인장연구회 위치 경기도 고양시 일산서구 덕이동 1377-2 대표자 이승국 설립연도 1989년
주요품목 선인장 연매출 68억 원 농가수 145여 농가 수상경력 2005 농진청 우수연구모임으로 선정
홈페이지 www.rokc.co.kr 전화번호 031-925-8333

사업현황 — 연구소-협력단-연구회 협력체계 구축으로 수출 경쟁력 증대

▶ 수출용 접목선인장은 100% 우리품종과 재배기술로 생산하여 세계 30여개 국에 수출되고 있는 대표적인 수출효자 작목
- 품종개발(연구소), 재배기술 및 상품화(산학연협력단), 유통 및 수출(연구회)의 역할분담

▶ 바이어들이 선호하는 신품종 개발과 상품성이 떨어지는 등의 애로사항을 선인장연구소와 연계하여 해소
- 수출시장조사 및 바이어 대상 면접조사에서 선정된 〈연시〉, 〈황운〉 등 10품종 시험재배에 성공, 수출농가에 보급하여 좋은 호응을 얻음
- '수출 선인장 종묘센터' 운영으로 노동력절감, 저가에 종묘를 공급하는 체계 구비
- 바이러스 감염에 의한 접목 활착률 향상을 위해 밴드형 접목틀, 생력 트레이, 손잡이 접목칼, 친환경 해충 포획기 등을 개발·보급
- 양액재배기술 보급으로 노동력 절감, 상품성 향상, 규모 확대 등 직·간접 효과 발생, 수출확대에 기여

▶ 협력단에서는 반 제품형 수출에 따른 손실을 줄이기 위해, 완성형 수출 상품을 개발·보급함으로써 경쟁력 향상 및 수출 거래처 발굴에 용이
- 수출용 완성형 포장개발과 상품조립 라인 개선으로 노동력 절감 및 상품화율 향상, 수출 경쟁력 향상에 기여. 수출국별 선호 색상 고려한 포장 디자인 및 경도 개선

▶ 종자발아, 수질, 조직배양 등 재배상의 문제점을 원스톱(One-stop)으로 결정하는 컨설팅 편성조 운영
- 조장과 전문위원 3~4명으로 구성된 컨설팅 분담조를 구성, 농가 멘토제 실시
- 연작장해, 습해, 발근, 병해충 등 다양한 현장 애로사항을 컨설팅과 시험을 통해 해결

직판장 전시관경

접목선인장 박스

사업성과 | 공선장 운영, 공동마케팅, 브랜드화로 선인장의 고부가가치화 실현

▶ 전자상거래에 대응한 공동 집하 시행과 유통마진을 절감하기 위한 직판장 운영
  - 도시소비자, 선인장유통협회로부터 들어온 주문 상품을 공동 직판장에서 상품화하여 배송함으로써 유통비용 절감 및 판매 효율성 개선
  - 공동 직판장에서 회원 농가의 상품을 매입하는 방식으로 이루어지며, 소비자들의 선택 폭을 넓히기 위해 120여 개 다육식품 상품세트를 개발하는 등 다방면으로 노력

▶ 선인장을 원료로 한 다양한 가공상품을 개발하여 시장에 론칭 추진
  - 천년초 열매를 열 건조한 가공가루를 이용해 만든 '천년초 삼색떡'과 '천년초 양갱'출시
  - 향토사업단에서는 선인장을 이용한 분말, 엑기스, 장류 등 다양한 제품개발 추진

▶ 고양 선인장연구회, 경기도농업기술원 공동으로 '선인장페스티벌'개최, 도시민들에게 다양 체험거리와 볼거리를 제공함으로써 새로운 소비시장 창출
  - 선인장·다육식물 화분 만들기, 선인장 막걸리 시음회가 무료로 진행되고 선인장을 이용한 비누 만들기, 압화 만들기, 도자기 페인팅 등 다양한 체험 프로그램 마련
  - 독특한 외형의 선인장과 다육식물을 전시하여 호기심 자극, 다양한 볼거리를 제공하고, 선인장으로 꾸민 가정과 사무실 전시로 인테리어 활용거리를 제공

▶ 회원들의 경영마인드 향상과 사업 공감대 형성을 위한 선진지 견학 및 선인장 관련 세미나 개최
  - 공동 심포지엄 개최, 중국 장주 등 해외농가 재배실태 현장조사, 박람회 참가 등으로 경쟁 상대국의 동향파악과 경영마인드 향상 도모

선인장 체험행사

선인장 페스티벌

고양 선인장연구회 운영체계도

▶ 수출선인장 안정생산 및 수출촉진 컨설팅(수출분과)

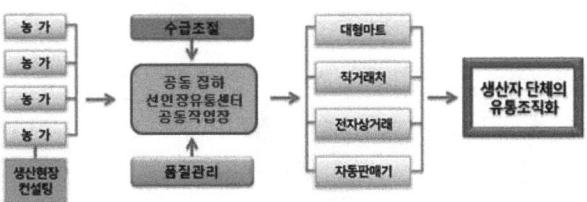

▶ 국내 유통역량 강화(유통분과)

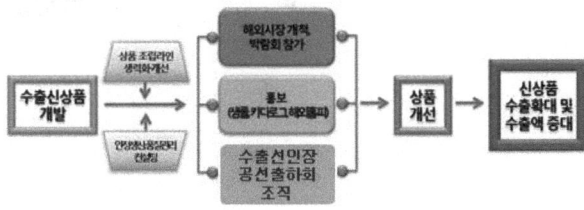

'고양 선인장연구회'의 나아갈 길

- 선인장 수출 공선회 운영으로 수출농가의 분업화, 전문영농 촉진으로 상품성 향상과 종묘 집중관리로 고품질의 접목선인장 상품화 비율 증가
- 고양시의 회원농가들은 수도권 지역의 지가상승에 따른 임대료가 지속적으로 증가하여 경영압박의 주요 원인으로 상승, 향후 극복해야할 과제
- 선인장연구소의 연구결과를 신속하게 접목할 수 있어 재배여건은 좋으나, 재배농가들의 고령화, 인력조달 등의 어려움으로 탈농하는 비율이 증가하고 있어 이에 대한 대책마련 필요

땅끝마을 소금밭에 피어난 작은 기적
해남 세발나물연구회

16명 남짓 주민들이 똘똘 뭉쳐 틈새작목 세발나물로 엄청난 소득을 올리고 있는 예락마을. 2011년 땅끝해남세발나물연구회를 결성해 미생물과 바닷물 농법으로 무농약 인증을 받고, 2012년 세계농업기술상 협동부분 대상을 받음으로써 작은 기적을 일으키고 있는 공동체 지향 마을이다.

연구회명 해남 세발나물연구회 위치 전라남도 해남군 문내면 예락리 대표자 임명식 설립연도 1996년
주요품목 세발나물 연매출 10억 원 농가수 12여농가 수상내역 제18회 세계농업기술상 협동부분 대상
인증내역 지리적 표시제 선정 전화번호 061-383-9231

사업현황 앞을 내다 본 지도사업으로 새로운 블루오션 창출

▶ **갯벌에서 자생하는 세발나물을 지역 특화작물로 육성하기 위한 프로젝트 마련**
- 해남군농업기술센터는 간간히 읍내시장에 팔거나, 주민들의 밥상에 자주 오르던 세발나물의 가치를 높게 평가하여 세발나물을 마을 사업의 신소득 작물로 선정

▶ **세발나물 상품의 균일성과 생산량 확대를 위해 채종포와 표준재배기술의 필요성을 느끼고 농촌진흥청 지역농업특성화사업으로 추진**
- 입지별, 재배 형태별 파종시기, 파종량, 파종방법, 수확횟수 등의 실증시험을 통해 표준재배 방법을 확립
- 수확량 증대를 위해 시설하우스 재배기술을 보급하여 5회까지 수확이 가능하도록 하였으며, 농업기술센터 내 시범포를 운영하여 발생병 등 친환경적 방제 기술 제공

▶ **농업기술센터와 함께 유통경로, 상품규격·포장상태, 소비시장을 조사·분석하여 목포, 광주를 포함한 전라남도권 시장에서 수도권 시장으로 확대**
- 중간상인, 운송회사, 유통업체 면담을 통해 상품단위, 품질 등 유통상의 불만을 해소하고 차별화 방법을 설계
- 또한 중간상인을 통해 서울가락도매시장과 대형마트에 납품하게 되고 주1회 지역 학교급식 제공 등 신규 출하처 시장을 확보

▶ **캐릭터 '세돌이' 상표등록과 경제성·실용성을 고려한 포장재 개발·보급**
- 4kg 대포장과 대형마트나 슈퍼에서 통용되는 200~250g 소포장재 개발
- 유통과정 중에 상품의 신선도를 유지할 수 있도록 무공비닐과 무공플라스틱 용기 사용

해남 세발나물

세발나물 캐릭터(세돌이)

공동작업

사업성과 공동생산 – 출하 – 정산을 통해 선진화된 조직으로 발전

▶ 2007년 해남 세발나물연구회를 발족하여 규모·효율·경쟁보다는 마을 주민들이 공생·공존하는 공동체 사업 추진
- 16농가 참여로 공동생산·수확·출하·정산을 실시하였고 하우스재배 생산면적 14ha로 전국 재배면적의 50%, 생산물량의 60%를 차지하면서 국내 최대 규모 선점
- 매년 1억 원 내외 자조금을 확보하여 공동생산시설(선별작업장, 저온저장고, 트렉터, 운반차, 포장재 등)에 투자
- 마을주민 전체가 천주교 교우이면서 선후배사이로 "우리, 함께"라는 공동체 참여의식이 강하여 함께 문제점을 해결하고 진화하는 조직으로 발전

▶ 책임성과 거래교섭력을 강화하기 위해 영농조합법인으로 전환
- 공동생산방식으로 인한 재배포장의 부실관리 등의 부작용을 최소화하기 위해 조별 책임제 시행
- 의사결정방식도 생산부터 정산에 이르는 모든 과정을 조합원들의 토의를 통해 해결하고 수시로 정보 공유
- 월1회 정산하며 법인운영 규정에 따라 일당과 배당금, 적립금 등을 배정함

▶ 세발나물의 소비촉진과 인식제고를 위해 요리개발, 레시피 제작·홍보, 각종 지역축제에 참가하여 판촉행사를 진행
- 세발나물 김밥, 물김치, 칼국수, 장아찌, 된장무침 등 각종 요리를 개발, 레시피 제공
- 세발나물 녹즙과 천연조미료, 미용팩 등 기능성 상품을 개발 보급 중에 있음
- 지리적 단체표장 등록을 통해 해남 세발나물의 이미지 제고에 노력

소비촉진 행사

현장 기술지도

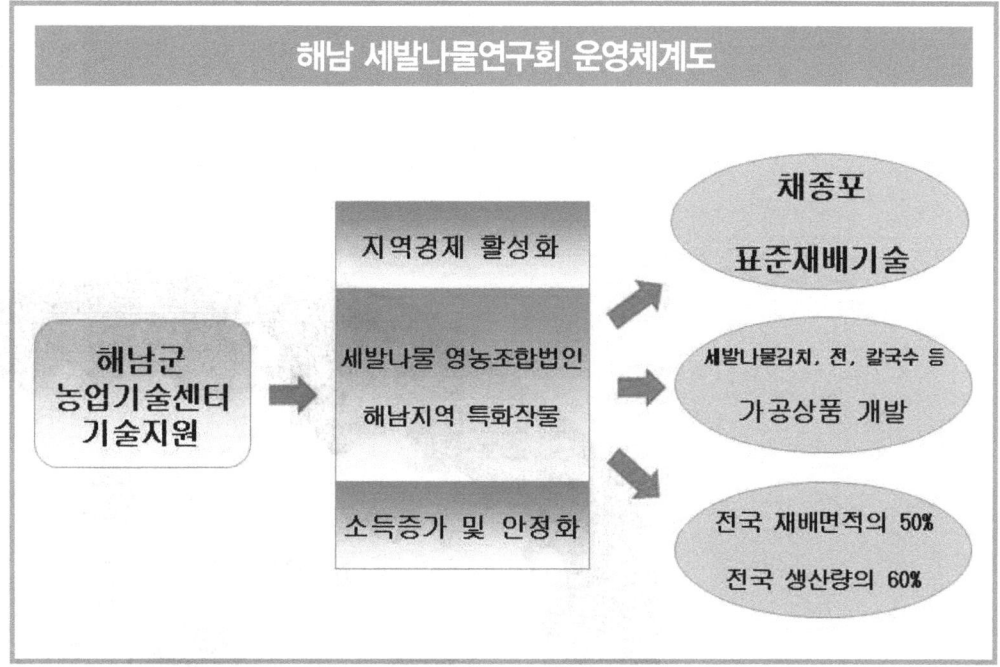

'해남 세발나물연구회'의 나아갈 길

- 해남군농업기술센터의 적극적인 농촌지도사업을 통해 세발나물이 지역의 신소득 작물로 선정되어 재배기술, 병해충, 소비촉진 레시피까지 기술 지원을 받음
- 향후 친환경 유기재배를 통해 안전·안심 먹거리로 인식되고 기능성을 가미한 가공상품 개발로 연중 소비가 가능한 생산체계 필요
- 영농조합법의 공동생산-출하-정산 등의 운영방식을 꾸준히 유지, 발전시켜 더불어 사는 마을, 잘사는 공동체를 만드는 것이 목표

part 04

외식중심형 우수 사례
Rural Development Administration

건강한 지역 농산물로 만든 맛있는 흥부전
남원 달오름마을

지리산 둘레길 부근에 자리한 달오름마을은 52농가 64명이 마을사업에 참여, 생산·가공·체험까지 6차 산업을 실현하고 있다. 흥부전을 테마로 한 '흥부잔치밥' 등 다양한 향토음식 발굴과 팜스테이 연계로 연간 3만 명의 체험객이 다녀가는 남원의 대표 농촌체험마을이다.

마을명 남원 달오름마을 **위치** 전라북도 남원시 인월면 인월서길 421(인월리 541번지) **대표자** 황태상
설립연도 2003년 **주요품목** 박, 야콘·고사리 가공사업, 지역 농산물을 이용한 향토음식 **연매출** 6억 원
시설규모 52농가 64명, 11ha **수상경력** 2004 농촌진흥청 전통테마마을 우수상, 2005 1도1촌 우수 마을 선정, 2009 도농교류(농촌사랑) 대상, 2011 팜스테이 마을 대상 **인증내역** 2011 농식품부 Rural-20 선정
홈페이지 http://dalorum.go2vil.org **전화번호** 063-635-2231

사업현황 — 지역농산물을 활용한 향토음식 개발 – 농산물 가공 사업에 초점

▶ 우수한 지역 농산물(고사리, 야콘, 복분자, 박, 감자 등)을 활용한 1차 생산물 확보는 마을운영과 2차 가공산업의 기틀 마련
- 야콘 한과, 고사리 가공 등을 위한 원료확보를 위해 지역 농가와 전량 계약재배 실시, 수매가격은 시중가격의 30% 수준으로 책정하여 농가 소득 증대에 기여

▶ 1차 생산만으로 소득 안정화가 어렵다는 판단 아래, 2003년 전통테마마을 지정을 계기로 마을 구성을 재정비하고 체험사업을 실시
- 2006년 지역 대표 품목을 활용한 고사리 특화사업 선정, 가공을 통한 부가가치 창출은 마을 발전의 계기
- 팜스테이, 향토사업, 마을기업, 농가 맛집, 휴양체험마을사업 등 다양한 정책 사업을 통해 마을의 성장 도모

▶ 흥부전의 배경이 되는 마을 자원을 활용하여 박을 이용한 향토음식 개발, 농가 맛집 사업을 성공적으로 달성
- 2008년 향토음식자원화사업 지원으로 박, 부각을 이용한 음식개발을 통해 본격적인 농가 맛집 운영

▶ 체험, 관광, 숙박 등 3차 산업 활성화는 물론, 향토음식 판매 등 마을의 6차 산업화를 이룸으로써 마을사업의 안정적 운영 가능
- 건강·농사·놀이·역사·맛체험 등 다양한 체험 프로그램으로 높은 재방문율 유지
- 사업을 통해 지속적인 마을 가꾸기 활동과 마을주민들의 소득향상에 기여한 점을 인정받아 2011년 Rural-20 프로젝트[1]에 선정됨

야콘 가공품

체험장 내부

---

[1] 'Rural-20 프로젝트'는 2010년 G-20 정상회의를 계기로 농어촌의 아름다움을 외국인에게 널리 알리고자 농식품부가 매년 가볼만한 전국의 농어촌 명소 20곳을 선정하는 사업

사업성과 1차 생산 마을에서 연 체험객 3만 명이 찾는 대표 체험마을로 변신

▶ 마을 운영의 우수성을 인정 받아 2004년 농촌진흥청 전통테마마을 우수상, 2005년 1도 1촌 우수 마을, 2009년 도농교류(농촌사랑) 대상, 2011년 팜스테이 마을 대상 수상

▶ 음식체험관, 농산물전시 판매장, 야외공연장, 등산로 등 1차 농산물 활용에 용이한 다양한 체험공간 확보 및 가공공장, 숙박 등 부대시설을 갖추어 부가가치를 높임

▶ 농가 맛집과 다양한 체험 프로그램 운영으로 매년 체험객 증가 및 매출 신장
  - 2007년 1만2천 명 수준의 체험객을 시작으로 2012년 2만5천 명 수준으로 농가 맛집 이용객 및 체험객 수 증가
  - '흥부잔치밥', '농가백반' 등 농가 맛집과 음식만들기 등 다양한 체험 프로그램을 통해 2012년 기준 총매출액 6억 3천만 원 달성

▶ 주변 환경을 활용한 홍보와 마을 주민들의 적극적인 참여, 다양한 체험 프로그램으로 지속적인 성장을 보임
  - '달오름마을' 상표등록으로 마을 리플릿, 포장상자, 봉투, 스티커 등을 활용하여 마을 브랜드 가치를 높이고, 언론 홍보 및 홈페이지를 통해 지역 이미지 제고
  - 방문객 수 증가를 통해 지역의 농가 민박 등 경제 활성화에 기여하였고, 노동력 및 일자리 창출을 통해 고령농가의 수익 창출 실현

▶ 지리산 둘레길 방문객 증가로 농가 민박의 수요가 증가하고 다양한 체험활동을 통해 체험객의 만족도 제고

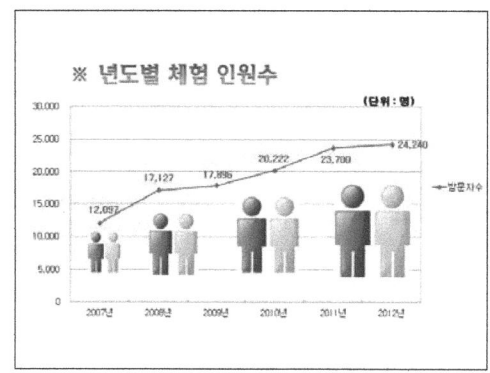

연도별 체험객 수

체험활동

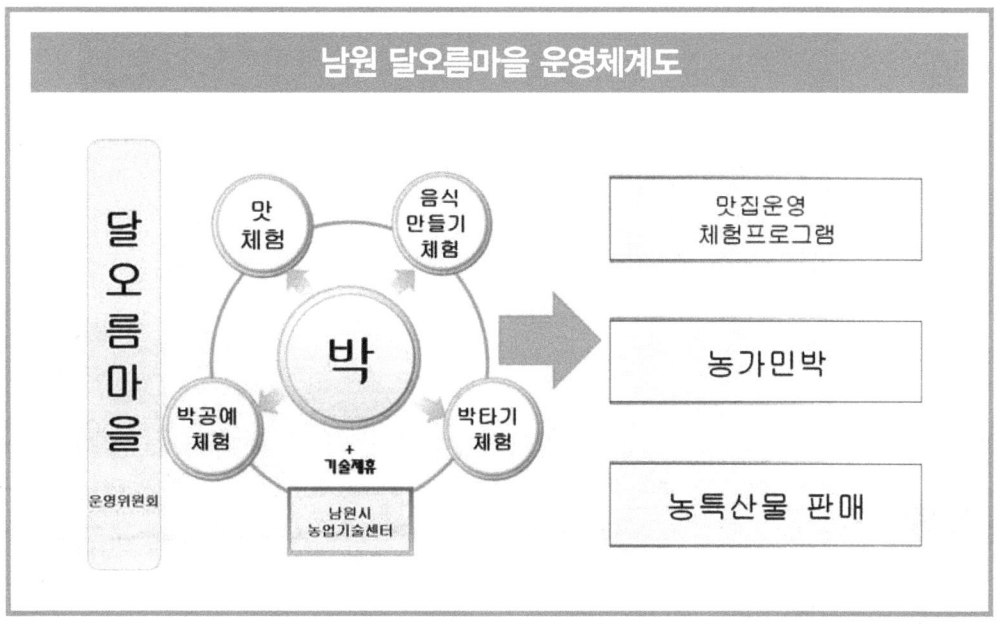

'남원 달오름마을'의 나아갈 길

- 마을설립 후 지속적인 외적 성장을 이루어 왔지만 후계자 양성, 단체숙박시설 미비, 지역사회와의 융화 등의 문제점이 존재함
- 지속가능한 마을사업 운영을 위해 외적인 성장을 탈피하여 장·단기 발전계획을 수립하고 향후 내적성장을 계획
- 자연친화적 농가민박, 산축유학마을조성, 체험별 전문가육성, 친환경 농산물직거래 운영 등 체험 휴양마을 명품화 사업을 추진

금학이 날개를 펴니 대숲과 꽃이 향기를 내는
서산 꽃송아리마을

450년 전통의 유서 깊은 꽃송아리마을은 낮지만 빼어난 경치를 자랑하는 여덟 봉우리, 팔봉산을 지척에 두고 있으며 숲과 대나무, 꽃나무, 실개천, 벼농사, 밭농사가 어우러진 아름다운 마을이다. 이곳에는 향토음식을 맛보고 체험할 수 있는 다채로운 프로그램들이 준비되어 있다.

마을명 서산 꽃송아리마을 **위치** 충청남도 서산시 팔봉면 한월당로 704(금학3리 511)
대표자 김기수 **설립연도** 2006년 **주요품목** 서산육쪽마늘, 친환경감자, 무릇엿, 향토음식체험 등
연매출 1억 원 **농가수** 51농가 **수상경력** 2006 농촌진흥청 농촌전통테마마을, 2009 향토음식체험장지정
홈페이지 http://flower.go2vil.org **전화번호** 041-662-5783

> **사업현황** 산들바다가 어우러진 아름다운 서산 꽃송아리마을

▶ 낮지만 수려한 팔봉산과 3㎞지척의 갯벌 사이에 벼농사, 밭농사를 짓고 사는 전통적인 농촌마을
  - 팔봉산 주변은 옛부터 감자가 많이 나며, 갯벌은 바다음식을 맛볼 수 있고, 마을은 대나무 숲과 실개천이 흘러 벼농사, 밭농사가 이루어지는 천혜의 자연이 공존하는 마을
  - 장미꽃 등을 재배하는 화훼 농가와 고추, 감자 등을 재배하는 농가, 풍경이 아름다워 귀촌한 농가 등이 어우러져 살고 있는 아담한 마을

▶ 4계절 각기 다른 체험행사를 즐길 수 있고, 숲길산책로의 여유로움과 고향의 푸근함이 감도는 마을
  - 봄철은 산나물 캐기·손두부 만들기·매실 따기, 여름철은 농사체험·밤하늘 별보기, 가을철은 수확의 기쁨·서낭당 구경, 겨울철은 연날리기·썰매타기, 연중 짚불공예 등 다양한 체험거리 운영

▶ 전통테마마을 지정과 함께 향토음식 체험장을 갖추고 있어 고향의 맛을 느낄 수 있음
  - 지역특산물인 감자를 이용한 음식, 무릇엿을 이용한 무릇전, 마을에서 나는 콩으로 직접 만든 손두부는 유치원, 초등학교의 인기 프로그램으로 정착
  - 청·장년층을 위한 서해안 토속음식인 게국지를 이용한 김치 담그기 등 체험 프로그램 운영

감자 캐기 체험

벼베기 체험

사업성과 음식 및 계절별 체험객이 늘어나면서 1차 농산물 판매도 향상

▶ 농촌전통 테마마을과 향토음식 체험마을로 마을이 알려지면서 입소문을 타고 마을 농산물 매출도 덩달아 증가
- 마을 내 실개천은 다슬기와 피라미가 살 정도로 깨끗하고 아름다운 꽃과 숲길은 산책코스로, 체험을 통해 채취한 농산물을 가지고 음식 체험장에서 만들어 먹는 맛이 일품
- 농사짓는 마을 주민의 고령화로 대규모 농사를 짓지 않지만 마을에서 생산된 감자, 고추, 양파의 체험객 주문이 이어져 농가 소득 증가

▶ 귀농·귀촌에 대한 후한 인심과 아름다운 꽃밭, 깨끗한 마을로, 안심하고 자녀와 하룻밤을 묵을 수 있는 것이 자랑거리
- 4계절 언제든지 마을 민박이 준비되어 있고(6곳, 평균1인당 숙박1~2만), 70년대 향수를 불러 일으키는 작은 구멍가게 등 농촌 그대로의 모습을 간직한 곳

▶ 서산시 교육청 등 지역기관이 어린이 심성 및 체험교육으로 추천하는 마을
- 서산지역 병설 유치원, 초등학교는 물론, 서울 등지에서도 자매결연으로 체험행사에 참여하는 학생 수가 꾸준히 증가함

▶ 아름다운 자연경관, 맛깔나는 향토 음식이 한데 어우러진 맛있는 마을
- 정성스레 가꾼 꽃과 농촌의 후덕한 인심을 담은 맛있는 밥상으로 최고의 휴식을 경험할 수 있어서 매년 방문객이 증가하고 있는 추세
- 향토음식 체험을 통해 대나무통 마늘밥, 감자옹심이, 꽃송아리 비빔밥 등 다채로운 메뉴가 입맛을 사로잡음

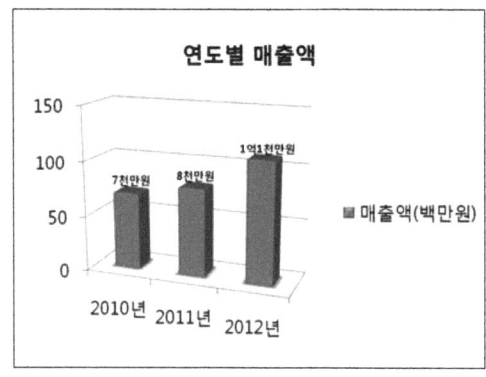

연도별 매출액

서산 꽃송아리마을 홈페이지

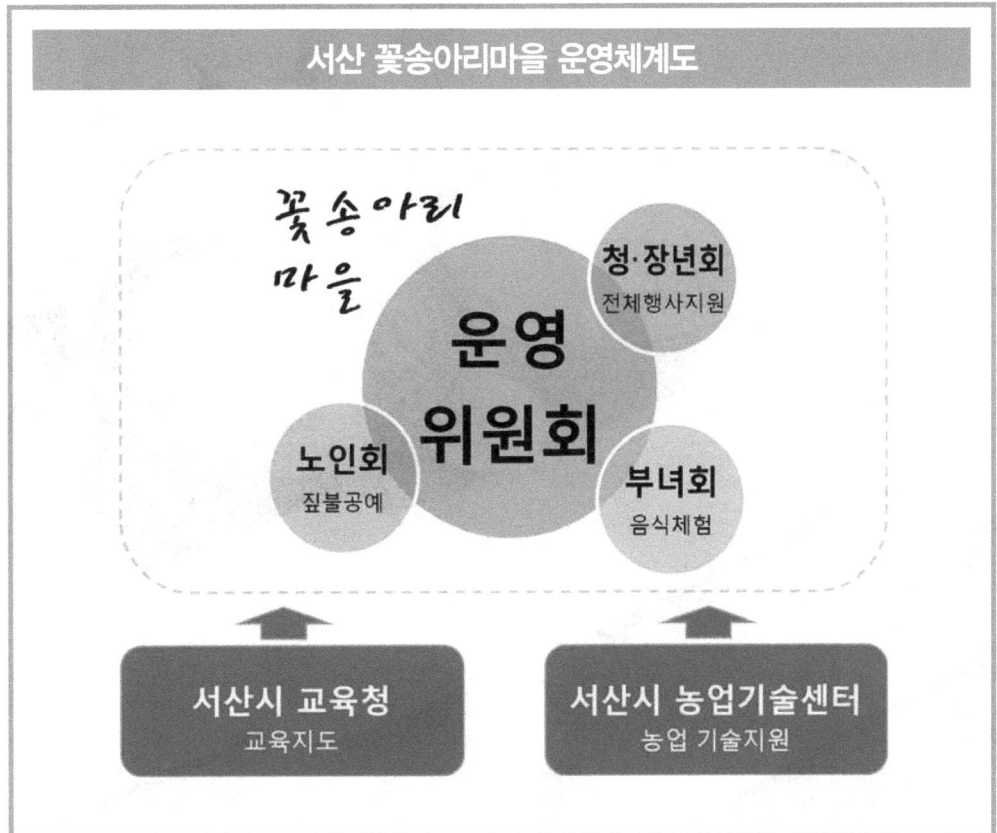

'서산 꽃송아리마을'의 나아갈 길

- 향토음식체험에 대한 홍보를 강화하고 다양한 향토음식 개발에 노력
- 농촌 고령화로 인한 노동인력 부족은 1차 농산물의 소량생산, 가공상품의 개발의 부재를 가져와 이에 대한 해결책이 필요할 것으로 보임
- 자생할 수 있는 마을로 한단계 더 성장하기 위해 가공상품 개발이 필요

흙을 노래하는 매지리의 명물
토요영농조합법인

'흙을 노래한다'는 뜻의 농가 맛집, 토요(土謠). 토지의 저자 박경리 선생이 생전에 기거하던 토지문학관이 있고, 강원도 무형문화재 18호 매지농악의 본고장인 매지리 회촌마을에 위치해 있다. 토요장터, 지역축제 등 언제나 다채로운 체험행사가 가득한 농가맛집으로 6차 산업을 실현한 우수 조직체이다.

법인명 토요영농조합법인 **위치** 강원도 원주시 흥업면 매지리 647-2 **대표자** 최혁 **설립연도** 2006년
주요품목 토요생명밥상 **연매출** 농가 맛집 5억 원, 토요장터 2억 원 **농가수** 58농가 **수상경력** 2012 강원 세계 무역 투자 박람회 우수제품상 **인증내역** 2012 농촌진흥청 향토음식 체험장 지정
홈페이지 http://to-yo.tistory.com **전화번호** 033-763-2923

사업현황   문화자원과 자연공간이 어우러진 회촌에서 날개를 단 '토요'

▶ 원주 지역 특산물과 지역 내 인적자원을 활용하여 건강하고 안심할 수 있는 농가 맛집 '토요' 운영

- 원주지역 농산물을 이용한 밑반찬과 장류, 천연 조미료만을 사용하는 웰빙식당으로 정갈한 음식이 돋보임. 1인 1~2만 원이라는 착한 가격으로 이미 원주 맛집으로 유명

▶ '토요장날愛 가자'는 원주 인근 30여개 업체가 공동으로 장을 세우는 원주 명물장터

- 4~11월 매주 토요일 열리는 토요장터는 주민들이 재배한 친환경 농산물과 고추장, 된장 등 다양한 가공식품이 판매되며, 문화공연 등 다양한 볼거리가 가득
- 농가 맛집 '토요', '다래연'(떡과 전통차), '두부명가'(청국장, 두부, 비지), '판부 감자촌', '솟대촌' (천연염색) 등 24개 지역 중소상인들과 지역 예술인이 참여

▶ 강원도 지역 영농조합 및 사회적 기업과 함께 강원도 1호 사회적 협동조합에 참여

- 토요영농조합법인, 성공회 나눔의 집, 원주의료 생협 등 22개 단체가 참여하고 있는 강원도 최초 사회적 협동조합(3만5천 명)의 멤버로 지역사회의 새로운 네트워크 구축의 모범 사례가 됨

다양한 볼거리, 먹거리가 가득한 토요장터

농가 맛집 '토요' 전경

> **사업성과** 아름다운 지역 공간을 활용하여 매지리의 명물로 성장

▶ 장터, 축제, 행사를 통한 유휴인력 활용, 농가소득 및 부가가치 증대, 지역이미지 제고

- 지역 농산물 활용하여 1차 농산물의 안정적 생산을 보장하고, 정규직 8명 고용창출 지역주민 수시일자리 고용을 통해 지역경제에 이바지
- 가을 김장축제로 2천만 원의 판매효과를 올리고 있으며 정월 대보름 '달맞이축제'는 부침개, 달맞이 국밥 등을 제공함으로써 사라져가는 우리네 정(情)을 잇는 지역 축제로 발전
- 농가 맛집 '토요'의 경우, 매일 70~100명의 방문객이 다녀가며 장터, 축제 기간에는 1만 명 이상 방문

▶ '토요장날愛 가자'는 다양한 먹거리, 볼거리를 제공, 생산자-소비자의 직거래 장 마련

- 원주 일대 음식점, 생산·체험농장, 공예, 공연 등 30여 업체가 참여하여 지역음식, 농산물, 지역문화 등을 고객에게 알림으로써 판매소득 증대
- 대형마트에 상권을 빼앗긴 농민과 소상공인, 지역 상권에 활력을 불어넣기 위해 시작된 토요장터는 농산물, 가공식품, 문화가 어우러진 즐거운 장터로 특화

▶ 발상의 전환을 바탕으로 향토지역자원을 활용한 네트워크화는 사회적 협동조합의 바탕으로 역할 수행

- 지역 농산물과 인적·문화자원을 연계한 네트워크 체계 구축은 융복합의 또 다른 모델을 제시

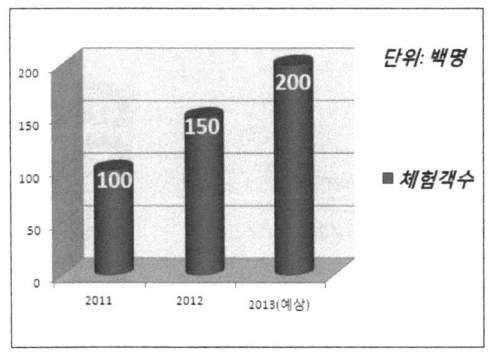

연도별 체험객 수

회촌 달맞이 축제

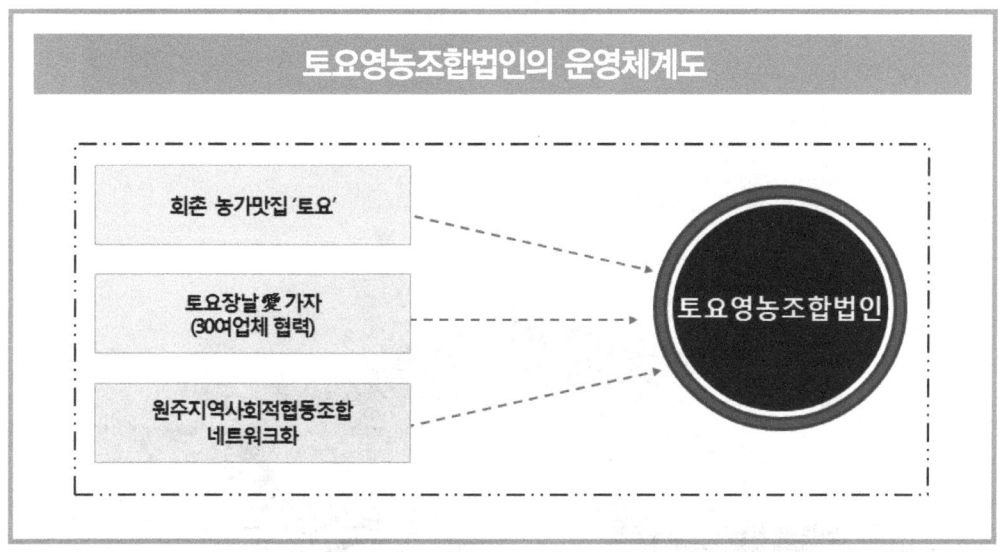

'토요영농조합법인'의 나아갈 길

- 매지리 주민들의 적극적인 참여 유도(고령농, 귀농 등)
- 숙박 및 다양한 체험 가능 프로그램 개발
- 가공·저장기술을 이용한 식품 개발, 저장시설 확보(이종사업간 융·복합을 통해서도 가능)

저 산 너머엔 특별한 맛이 있다!
부안 산너머남촌엔

13년 동안 살뜰히 가꾼 야생화로 둘러진 아름다운 전원 레스토랑 '산너머남촌엔'
직접 농사지은 식재료를 활용한 음식을 제공함으로써 소비자의 눈과 마음을
즐겁게 해주는 농가 맛집이다.

법인명 부안 산너머남촌엔 **위치** 전라북도 부안군 상서면 감교리 796-12 **대표자** 이영진 **설립연도** 1999년
주요품목 농가 맛집(표고버섯 모듬덮밥 등) **연매출** 5천만 원 **홈페이지** cafe.daum.net/overmount
인증내역 곰보배추환(발효산업 기술지원 특허출원) **전화번호** 063-582-4221

사업현황 농가 맛집 사업으로 다양한 소득창출원을 모색하다

▶ 도시에서 온 귀농인의 농촌 적응기
- 국산 야생차, 국화차, 민들레차를 직접 재배하기까지 13년이라는 시간동안 인근 임야, 텃밭을 가꾸며 내실을 다져나감
- 건강하게 키운 표고버섯과 신선하고 안전한 식재료를 소담스럽게 담아낸 밥상이 인기를 끌면서 방문객 증가
- 다도의 예(禮)와 아름다운 자연경관이 매력을 더해 내방객의 재방문율도 높은 편

▶ '농가 맛집' 선정을 계기로 부가가치 창출을 위한 다양한 사업 구상
- 개인 농가로 쉽지 않던 차 가공산업에 도전하여 농가소득 향상에 기여
- 농가 맛집 사업을 기반으로 다양한 사업을 꾸려가며 식당 매출은 물론 가공품 매출도 증가

▶ 다양한 향토음식과 체험 프로그램 개발을 위한 시설 확충으로 생산, 체험, 외식으로 이어지는 6차 산업화 실현
- 해물·허브·버섯 등을 활용한 다섯 가지 향토음식을 개발하고, 음식체험장, 허브체험장을 갖춰 관련 체험 프로그램을 운영
- 국화차, 허브차, 페퍼민트차, 가시오가피잎차 등 농가에서 생산되는 차를 이용한 다양한 체험활동 시행

다양한 종류의 차 세트

사업성과 건강하고 정갈한 밥상, 아름다운 경관을 입다

▶ 맛과 멋을 살린 향토음식을 개발하고 우수한 효능을 가진 야생차, 곰배추환을 가공하여 농가소득 안정화 실현

- 감각적인 디자인을 더해 자체 제작한 포장재를 이용하여 산들국화차, 페퍼민트차, 오가피차, 국화차 등 다양한 야생차를 제공함으로써 소비자 만족도 높임
- 주 메뉴인 표고버섯 모듬덮밥은 맛과 건강을 모두 충족시키는 약선음식으로 인기 만점. 취나물, 도라지, 더덕 등 지역에서 나는 농산물을 활용한 다양한 메뉴 개발
- 기관지, 해수, 천식, 비염에 좋은 곰보배추환을 개발하여 특허인증 획득, 소비자의 재구매율이 매우 높음

▶ 오랜기간 조성한 야생화 동산, 전원카페 등 아름다운 농촌경관에 내방객의 만족도 향상

- 13년간 주변의 야생화, 국화, 구절초 재배지를 조성하면서 전원카페와 어우러진 경관에 아름다운 레스토랑으로 유명해짐
- 웰빙 트렌드에 맞춰서 차에 대한 수요가 높아지고, 다양한 차를 직접 재배·가공한다는 점이 안전한 먹거리를 찾는 소비자들의 수요와 맞아 떨어져 높은 판매율 달성

▶ 단순한 수익사업을 위한 체험이 아닌 지역사회에 환원하는 성격의 체험활동을 실시하여 지역민들의 신뢰 확보

- 손으로 직접 만드는 차를 체험하기 위해 지역 학교, 단체 등에서 꾸준히 참여
- 다문화센터, 고아원 등 체험활동을 쉽게 하지 못하는 단체를 직접 초대하여 야생초 체험과 음식체험을 실시하고 이를 통해 지역민의 신뢰 형성

다문화가족 체험

곰보배추환

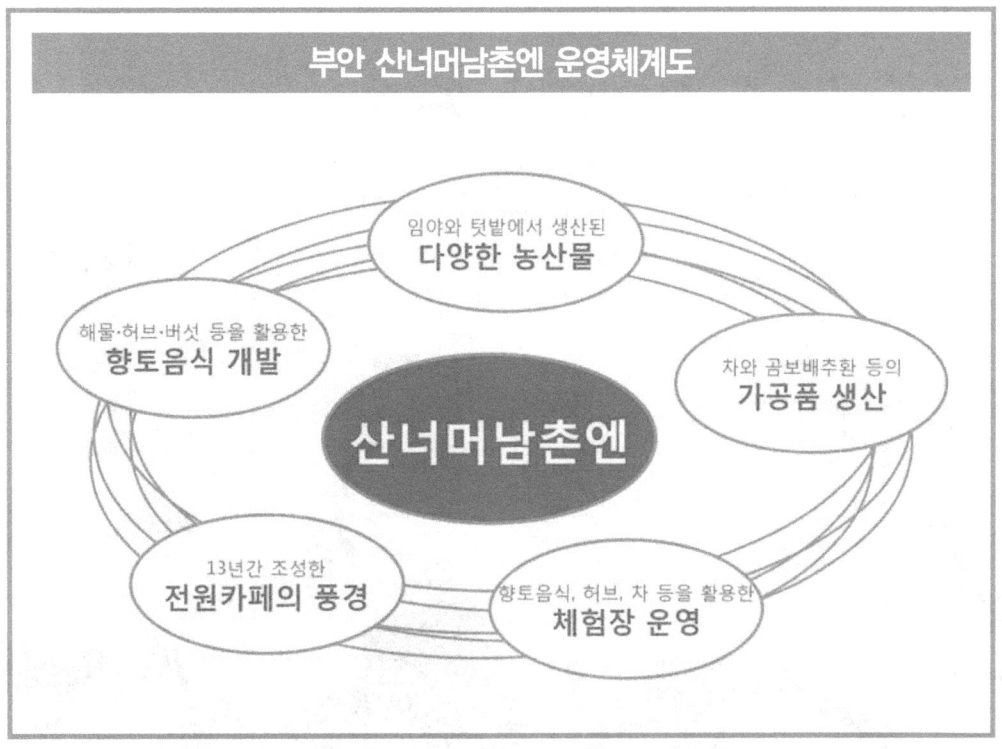

'부안 산너머남촌엔'의 나아갈 길

- 수익구조의 다변화를 위해 비중이 작은 가공상품의 홍보활동을 적극적으로 해 나가며 가공상품의 매출 비중을 높일 방안 강구
- 지원사업의 대부분이 지역 대표 농산물에 집중되기 때문에 실제로 우수한 품질의 제품을 개발해도 생산·가공의 한계 존재
- 유동인구가 많지 않은 지역이기 때문에 주로 온라인을 통한 입소문 마케팅을 활성화 할 계획

연꽃단지에 핀 황금밥상
완주 황금연못

'완주 황금연못'은 미술을 전공한 귀농부부가 지역의 연꽃단지를 활용한 백연음식전문점을 개설하고 이를 바탕으로 다양한 체험 및 가공활동을 통해 부가가치 창출하고 있는 외식중심형 6차 산업 우수사례 업체이다.

법인명 완주 황금연못 위치 전라북도 완주군 소양면 신지송광로 875 대표자 김광찬 설립연도 2008년
주요품목 백연음식전문점 연매출 3억5천만 원 고용인원 11명 수상경력 제6회 완주맛고을품평회 대상
시설현황 음식점(50평), 체험장(30평), 가공시설(5평) 전화번호 063-246-8848

사업현황 | 연꽃단지를 이용한 음식점 및 체험, 가공으로 부가가치 창출

▶ 완주 송광사 앞 연꽃단지를 활용한 음식점 개설로 지역의 유·무형 자원을 이용한 외식 중심의 6차 산업 실현

- 귀농 초기에는 차를 생산하고 가공·판매하는 것이 목표였으나, 지역의 연꽃단지를 활용하여 백연음식 전문점을 개설하여 부가가치를 높임
- 연꽃단지 부근에 방치된 레스토랑 건물을 인수해 감각적인 디자인으로 리모델링 후 연과 관련된 음식을 판매하기 시작

▶ 지산지소(地産地消)의 철학으로 음식점에서 판매되는 모든 음식과 가공상품은 직접 생산하고 수확한 재료를 사용함

- 연 농사 1만평, 기타 음식재료로 들어가는 작목 5,000평 등 직접 생산하고 수확한 재료만을 사용하여 안전한 먹거리를 제공
- 연부각, 연잎묵, 연잎밥, 연근차, 연잎차 등 연을 활용한 총 10가지의 가공상품을 직접 생산하여 방문객들에게 직거래로 판매

▶ 1만평 규모의 연 밭을 활용한 체험 프로그램, 감잎차·연잎차·녹차 등을 활용한 체험 프로그램으로 생산, 체험, 외식의 유기적 연계 갖춤

- 연잎따기, 연근수확 등 생산과 관련된 체험을 주로 하고 연잎차, 감잎차 등 차 가공체험도 함께 실시
- 체험 프로그램은 식당에 방문한 내방객들의 요구로 시작되어 가족단위, 유치원 등에서 주로 참여

연꽃단지

연잎밥

사업성과 백연정식, 연 가공식품으로 매년 방문객 수 증가

▶ 2008년 음식점 개점 이후 매년 꾸준히 방문객수가 늘어나고 있으며 더불어 체험객 수도 증가 추세
 - 2011년 연매출 2억 원 수준에서 다양한 가공상품 및 체험활동 등이 입소문을 타고 알려지면서 내방객 증가. 2012년 연매출 3억5천만 원 달성
 - 체험객은 주로 음식점 방문고객들이 재방문하는 경우가 대부분이며, 2013년 상반기에만 약 2천여 명이 체험 프로그램에 참여

▶ 백연정식이라는 정갈한 메뉴와 함께 음식점, 차(茶) 체험장, 주위경관 등을 조화롭게 구성하여 방문객들의 호응도가 높음
 - 귀농 전 미술을 전공한 대표의 감각으로 간결하면서 소박한 미를 추구, 농업과 다른 학문의 적절한 연계로 방문객들의 호기심 자극
 - 백연정식은 연요리, 돌솥연잎밥, 된장찌개, 유기농김치, 발효장아찌, 제철나물로 이루어져 건강에 좋은 신선한 음식을 선호하는 방문객들의 재방문율이 높음
 - 제6회 완주 맛고을 품평회에서는 대상격인 향토상을 수상할 만큼 완주군의 독특한 식재료를 활용한 우수한 요리로 평가

▶ 10여 가지의 다양한 가공상품을 직접 생산하고, 지역의 로컬푸드 매장을 활용하는 등 음식점 외에 다양한 경제적 효과 창출
 - 직접 수확한 재료로 만든 연잎밥, 연잎묵 등 가공상품을 대표의 남다른 미적감각으로 제작한 포장재에 넣어 판매함으로써 수익증대에 기여
 - 직거래뿐만 아니라 완주 로컬푸드 매장에 납품하는 등 다양한 판로 확보
 - 음식점 운영 및 로컬푸드 판매로 12명의 상시고용인원 창출

가공체험장

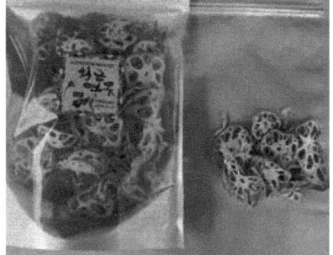
황금연못 가공상품

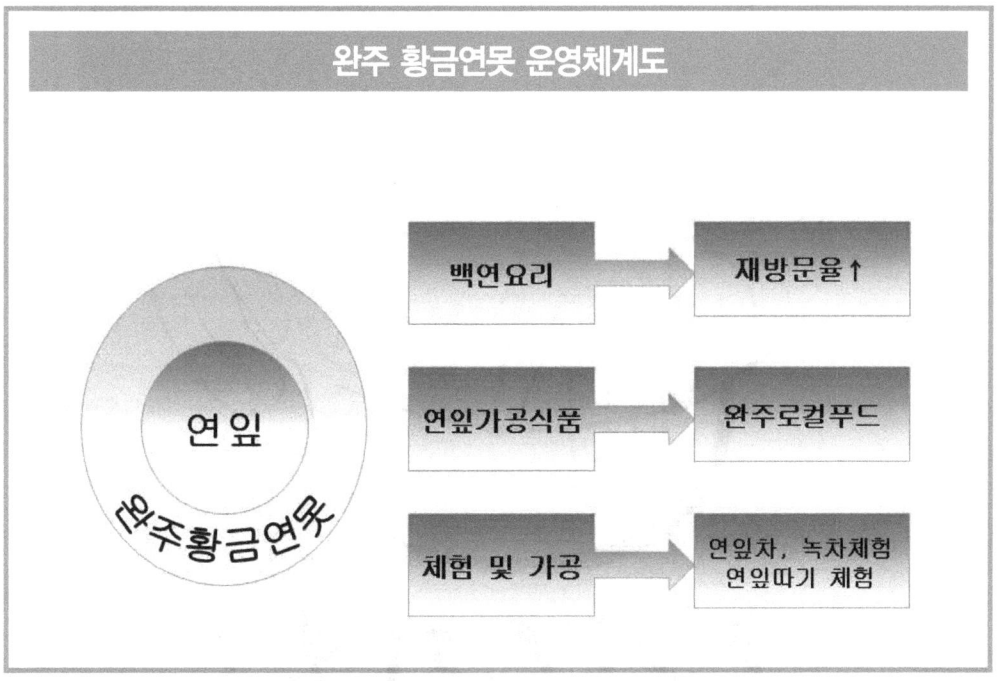

'완주 황금연못'의 나아갈 길

- 체험에 대한 소비자의 수요는 늘고 있지만 시설 및 인력이 부족하여 향후 체험장 증설을 계획
- 연에 대한 수요가 증가추세이므로 주위 농가와 힘을 합쳐 연잎 재배면적을 넓힐 수 있는 방안 모색
- 방문객에 대한 데이터베이스화를 실현하여 향후 체계적인 고객관리를 통해 매출안정화 달성

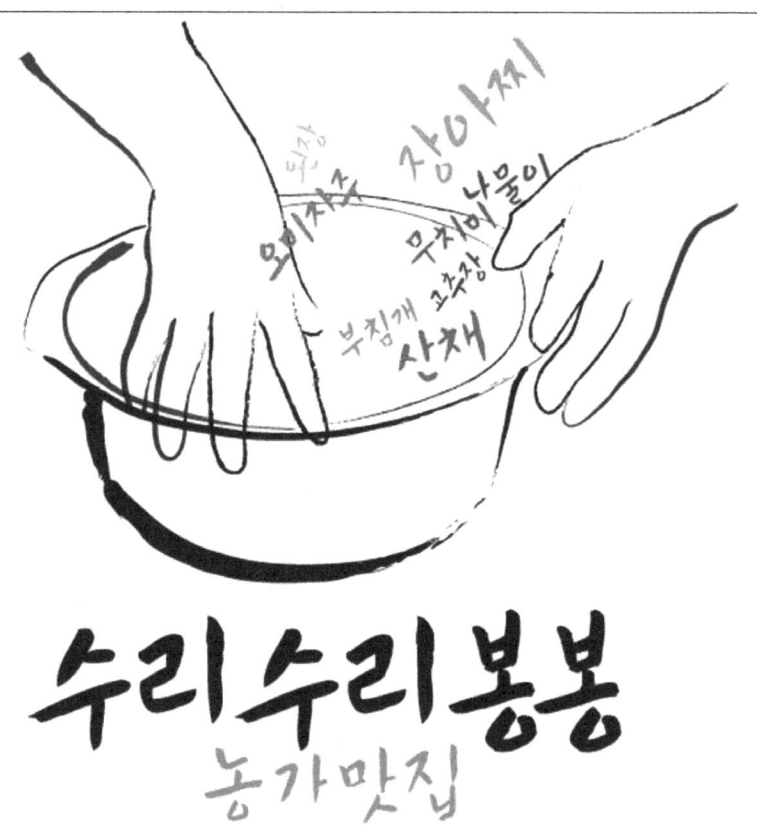

엄마 손으로 직접 담아낸 맛있는 지역 특산물
단양 수리수리봉봉

"저보다 음식 잘하는 대가들은 많아요. 그 대신 저는 마음의 정을 많이 담습니다.
멀리서 오셨는데 정감 있게 해드려야겠다는 생각을 가지고요."
백두대간 소백산 능선 해발600m에서 내려오는 계곡에 자리 잡은 '수리수리봉봉'은
단양팔경의 하나인 사인암의 절경을 볼 수 있는 곳이다. 직접 채취한 산채와
마을에서 생산한 농산물로 요리를 하는 소박한 손맛을 자랑하는 농가 맛집이다.

법인명 단양 수리수리봉봉 위치 충청북도 단양군 대강면 사인암리10-11 대표자 김춘남 설립연도 2009
주요품목 수리수리봉봉정식, 산야초정식, 오리정식 등 연매출 7천만 원 직원수 가족3명, 상근 2명 이상
수상경력 2009 농촌진흥청 향토음식 체험장 사업자 선정 인증내역 2009 장아찌 특허청 출원
홈페이지 www.surisri.co.kr 전화번호 043-422-2159

사업현황   소백산의 향을 머금은 산채 한가득, 따뜻한 엄마 밥상

▶ **소백산 수리봉과 신선봉에서 채취한 산채로 정성스레 차린 착한 밥상**
- 두릅, 곰취, 취나물, 엄두릅 등 신선한 산채를 직접 채취하여 손수 장아찌를 담가 정성스레 차린 밥상. 주인장의 손맛이 빚어낸 맛깔스러운 반찬에 오감만족

▶ **신선한 주변 농산물을 이용함으로써 지역 소농경제에 이바지하고, 고객에게는 농촌의 인심을 담은 따뜻한 식사 제공**
- 방곡리, 사인암 일대의 배추, 고추, 상추 등 제철 재료를 사용하여 기본찬 완성
- 춘남댁(주인장)이 직접 개발한 엑기스로 정성스레 만든 산채 장아찌, 산채 만두, 산채 밥상은 어디에서도 볼 수 없는 수리수리봉봉만의 웰빙·힐링 푸드

▶ **단양팔경의 하나인 사인암 절경이 한눈에, 눈과 입을 즐겁게 하는 음식궁합은 이곳을 찾는 또 하나의 즐거움**
- 올해 4월 매장 이전으로, 병풍처럼 펼쳐진 사인암 계곡을 감상하며 눈과 입을 즐겁게 해주는 수리수리봉봉의 다채로운 음식을 만끽할 수 있음

▶ **손맛체험 프로그램과 민박도 가능하여 배우고 맛보고 아늑한 휴식도 취할 수 있는 명소로 자리 잡음**
- 특허 받은 제조방식으로 사계절 장아찌 체험 프로그램을 운영하며, 고향 시골집의 푸근함을 느낄 수 있는 민박도 가능, 연인/가족단위/소규모 단체에게 좋은 경험을 제공

수리수리봉봉 건물

상차림

사업성과 | 확장이전 + 가업을 잇는 손맛 → 방문객 증가

▶ 방곡리에서 사인암으로 확장 이전하여 아름다운 주변경관을 확보하는 물론 공용주차장을 겸비하여 주차 문제 해결
  - 주변 환경과 잘 어울리는 사인암 계곡을 맞은편에 두고 각종 산채나물과 장아찌 등을 맛 볼 수 있어 경치와 음식이 어우러짐

▶ 아들의 가업전수로 모자의 정을 느낄 수 있는 정이 가득한 맛집
  - 도시에 살던 아들이 귀촌하여 방곡리4H 청년회 회장을 맡고 음식전수에 직접 나서서 모자가 함께 농가 맛집을 운영

▶ 주변의 입소문으로 방문객, 체험객 증가 추세
  - 2012년 기준 연간 1천여 명이 방문 및 체험을 하였고, 2013년 7월 현재 7백 명이 다녀가 전년 동월대비 2백 명 이상의 고객이 증가한 것으로 파악

▶ 산나물 만두스테이크, 산나물 두부 개발 등 주인장의 끊임없는 음식 개발은 수리수리봉봉의 발전된 모습을 가늠케 함
  - 끊임없는 노력으로 가족이 즐길 수 있는 다양한 메뉴를 개발하여 남녀노소 누구나가 즐길 수 있는 우리 음식을 만들고자 함
  - 제철에 난 산채를 삶아서 햇빛에 말린 묵나물을 이용해 맛깔나게 무친 밥상차림과 깊은 산속에서 채취한 솔잎과 매실(청), 오미자(청), 곰취, 하수오 등을 그대로 담가 만든 엑기스를 사용한 밥상은 그야말로 건강식
  - 따로 먹고 싶은 음식을 미리 주문하면 주인장이 정성껏 만들어주는 소비자 중심 맛집

맛집 내 손님들의 낙서장

방문객 식사

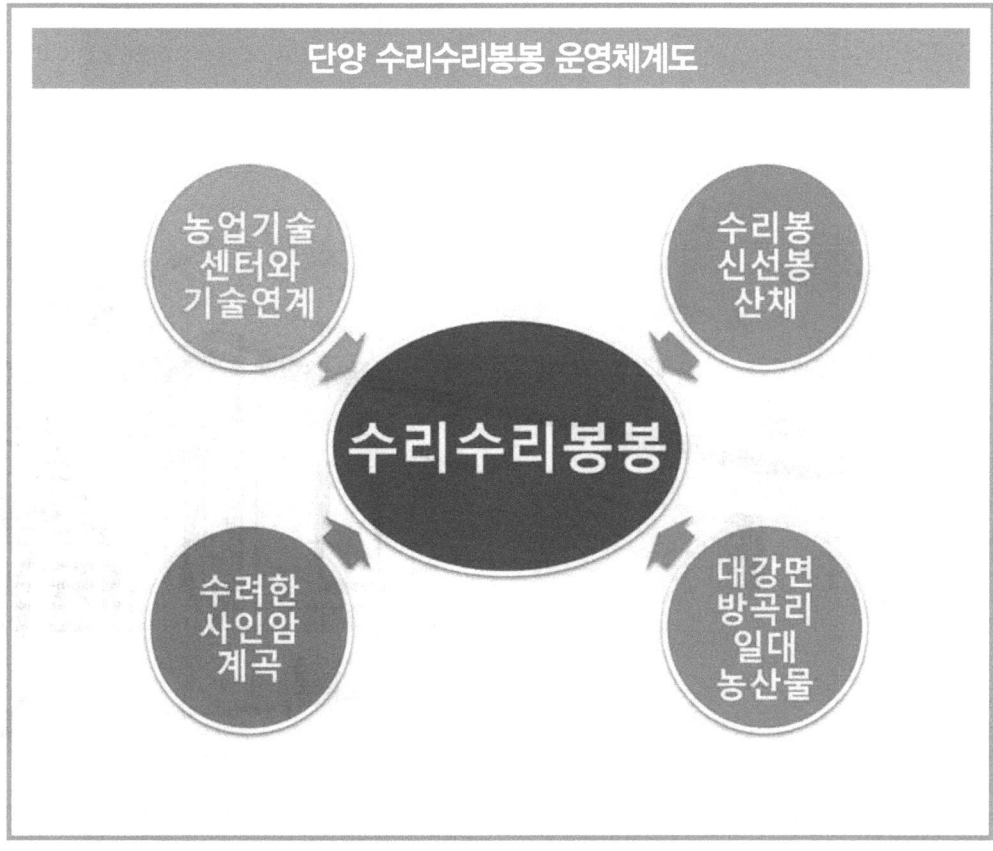

'단양 수리수리봉봉'의 나아갈 길

- 방곡리 예술촌 등 지역 관광자원의 활용과 도자기를 이용한 체험학습연계
- 지역 영농조합 혹은 협동조합을 통한 원재료 확보
- 장아찌, 엑기스 등 가공식품을 보관할 저온저장시설을 확충함으로써 가공식품의 직거래 규모도 확대할 수 있을 것으로 예상

백제의 숨결로 빚어낸 향토 밥상
공주 미마지(味摩之)

'공주 미마지'는 백제시대 우리 문화를 알리는 문화사절단 역할을 한 '미마지'의 이름을 본 따서 만든 농가 맛집이다. 상차림은 청송 심 씨 가문의 '반가밥상'을 바탕으로 하며, 공주의 대표 특산물인 밤을 활용한 음식이 주를 이룬다. 다양한 체험, 공주민속극박물관 등 볼거리가 있는 전통문화가 담긴 향토음식 체험장이다.

법인명 공주 미마지 위치 충청남도 공주시 의당면 청룡리 357-2 대표자 도영미 대표
설립연도 2010년 12월 주요품목 대표음식(소민전골정식, 가양주 등), 체험(천연염색, 한지공예, 인형극 교실 등), 숙박(미마지 내 민박이용 4~15인) 연매출 1억2천만 원 홈페이지 http://cafe.naver.com/dolmorootown
전화번호 041-856-5945

사업현황 | 공주의 전통문화, 지역 농산물과 손맛으로 알리다

▶ **돌모루 체험마을과 청송 심씨 집안의 문화, 가업인 민속극박물관을 바탕으로 '미마지'의 기반을 마련**
- 옛 농촌모습의 모습을 그대로 보존하고 있는 돌모루 마을은 특색 있는 전통마을로 널리 알려져 있음
- 4대가 함께 살면서 모든 음식을 손수 준비하시던 시할머니의 상차림과 손맛을 전수

▶ **더 많은 이들에게 공주의 전통과 민속문화, 향토음식을 소개하기 위해 2010년 농가 맛집 시작**
- 농촌진흥청의 향토음식 자원화 사업으로 1억 원의 보조(국비50%)를 받아 향토음식장 증축 및 리모델링 실시 (맛집 165㎡, 체험장 122㎡, 민속극박물관 793㎡)

▶ **공주지역 특산품인 밤+지역농산물+음식의 역사를 바탕으로 레시피를 연구, 개발하여 메뉴 구성**
- '미마지'의 모든 요리에는 밤이 들어가며 식재료의 70%는 지역 농산물, 30%는 자체 생산하여 음식에 대한 고객의 신뢰도를 높임
- 반가음식을 기본으로 재료의 본래 맛을 살리며, 집안 대대로 내려오는 가양주를 전통방식 그대로 빚어 방문객에게 대접함

▶ **천연염색, 탈 만들기 등 차별화된 프로그램으로 재방문율을 높이고, 고객들의 특성에 맞는 프로그램을 운영하며 고객 위주의 경영방침 마련**
- 문화극+농촌체험+음식교육 및 방과후 교육과 연계한 체험 프로그램을 운영하여 학생 및 단체 고객들의 지속적인 방문 유도
- 탈 만들기, 인형극 등을 통해 공연까지 해보는 차별화된 체험으로 만족도를 높임

소민전골정식

농가 맛집 내부시설

사업성과 지역농산물+문화+차별화된 체험 통해 6차 산업을 이루다

▶ 예약제 운영을 통해 고객에 대한 집중도를 높였으며, 지역농산물과 특용작물을 활용한 음식으로 고객의 신뢰도 향상, 이는 방문객 수 및 매출 증가로 이어짐
 - 월 평균 80명 이상의 고객이 방문하고 있으며, 증가 추세를 보임
 - 2011년 연매출 6천만 원으로 시작하여 2012년 연매출 1억2천만 원으로 100% 성장하였으며, 2013년 연매출 2억 원을 예상

▶ 제반시설과 백제문화의 연계를 통해 차별화된 체험 프로그램 구축, 국내외 체험객 증가
 - 문화극+농촌체험+음식교육의 연계로 체험객의 오감을 만족시켰으며, 2012년 기준 연평균 방문객 4천 명 이상 달성
 - 백제문화와 연계하여 외국인들의 방문·체험 문의 증가

▶ 방문고객의 천연염색 관심 증가로 2013년 천연염색 상품 개발을 통한 이익창출, 지역 일자리 창출에 기여
 - 농가 맛집에서 발생하는 밤 속껍질 등을 이용한 염색 재료는 상품 개발을 통해 다른 자연염색체험관에 납품 판매
 - 염색 재료 및 상품제작 등 지역 연계를 통해 생산

▶ 농가 맛집과 체험의 활성화로 일자리 창출
 - 사업 초기 시간제근로로 운영하였으나, 지역문화 연계 방문 증가로 지역주민을 정규직원으로 채용(현재 정규직원 5명)하고, 상황에 맞는 시간제 고용으로 마을 주민 참여 증가
 - 농업인턴 제도를 통해 청년일자리 창출에 기여

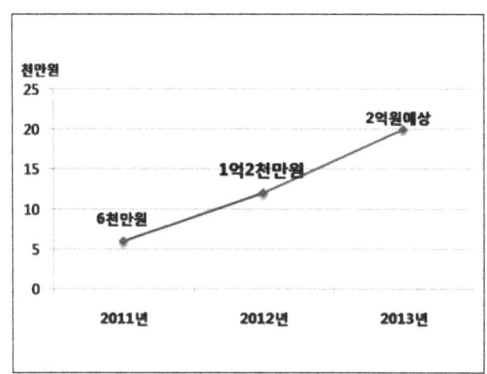

연도별 매출 현황

천연염색상품

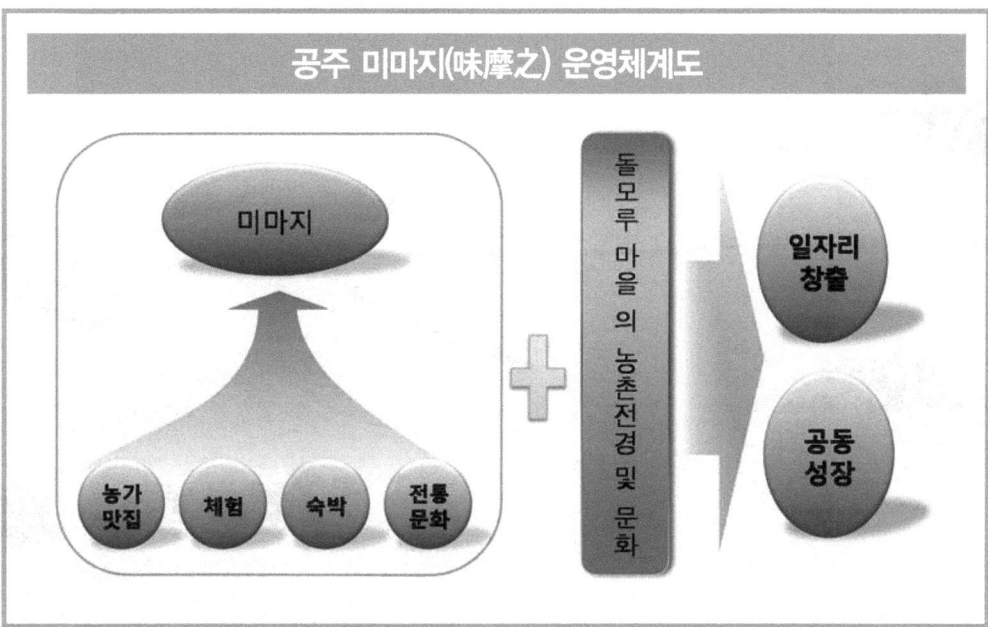

'공주 미마지(味摩之)'의 나아갈 길

- 공주시 향토특산물 밤을 이용하여 전통음식의 맛과 멋을 지속시킬 수 있는 방안 구성
- 지역사회의 다양한 인적·물적 자원을 활용하여 가족이 함께하는 토요프로그램을 계획
- 꾸준한 식생활 개선 교육과 바른 먹거리 교육을 추진하여 농가 맛집과 로컬푸드의 우수성 전파

88 끝없이 펼쳐진 초록빛 배추밭 위의 청정 밥상
태백 배추고도귀네미

산 전체가 배추밭으로 이루어진 해발 1,100m의 고원지대에 위치한 귀네미 마을은 배추고도(高道)라고 불리며 산의 형세가 소의 귀를 닮아 귀네미라는 명칭을 얻었다. 고랭지배추와 바람의 언덕으로 이미 명성이 자자한 태백의 대표 체험 마을이다.

마을명 태백 배추고도귀네미 위치 강원도 태백시 삼수동 524-62 대표자 신순자 설립연도 2009년
주요품목 산토랑 정식, 묵은지 삼겹살찜, 산향 곤드레밥, 귀리동동주, 올챙이국수만들기, 배추·산채김치만들기 등
연매출 6천만 원 농가수 8농가 인증내역 한국전통음식연구소 한국음식교육과정 수료
전화번호 033-553-631

사업현황 초록빛 배추밭과 향토음식이 만나 농가 맛집으로 탄생

▶ **산 전체 20만 평의 단지를 뒤덮는 배추산지, 귀네미 마을**

- 여름철이면 강원도 태백 해발 1,100m의 고지대에서 초록빛 배추밭이 펼쳐지는 산간마을로 겨울철에는 설원(雪原)이 펼쳐지고, 폭설이 내리면 출입이 어려울 정도로 사람의 손을 많이 타지 않은 산골마을 특유의 소박함과 따뜻함이 있는 마을
- 마을 산세가 소 귀를 닮았다하여 붙여진 이름 '귀넘어'에서 '귀네미'로 바뀌어 불러지며, 우이곡(牛耳谷)이라고도 불림

▶ **농업기술센터의 적극적인 지원과 여성이 운영하는 농가 맛집 탄생**

- 마을 생활개선회 회원으로 구성된 농가 맛집은 신순자 대표를 포함한 9명의 회원들이 각 분야별 담당을 정해 운영
- 기술센터의 향토음식 발굴 및 보완 개발 10종 지원 등 향토음식의 자료화 및 운영자 교육을 통해 경영능력을 제고시켜 나감

▶ **지역특성과 배추 농사철을 고려한 향토 음식체험장 운영**

- 공동 운영자는 배추농사를 직접 짓고, 농가 맛집을 운영하기에 배추농사 비수기인 겨울부터 이른 봄까지만 식당 문을 열어 음식을 제공하고, 성수기에는 방문객이 숙식을 할 수 있도록 제공하는 방식으로 운영
- 배추 농사철 4~9월은 체험을 하지 않고, 농한기인 10~익년 3월까지 체험 프로그램을 운영함. 방문객의 60%는 겨울에 방문하여 체험함

배추고도귀네미 입구

귀네미 향토음식 체험장

귀네미 공동대표

사업현황 | 자연조건의 한계를 넘어 새로움에 도전한 귀네미 마을

▶ 지역 거점 공간 마련, 귀네미 향토음식 체험장 등 열악한 자연조건을 넘어 신사업 개척

- 귀네미 마을은 우리나라 3대 고랭지 배추산지[1] 중 한 곳. 다른 배추산지는 농사철에만 잠시 거주하는 형태이나, 이 마을은 배추밭 아랫부분에 마을이 형성되어 있어 겨울에도 거주하는 특징이 있음
- 1985년 댐건설로 고향을 잃은 수몰 실향민 37가구가 산을 개간해 배추밭 조성
- 2009년 농촌진흥청 향토음식 자원화사업을 통해 향토음식 체험장(115㎡)과 황토 전통문화 체험장(23㎡)을 조성하여 지역주민의 새로운 활동공간으로 이용

▶ 농한기 농촌여성의 유휴노동력을 활용하여 농가 소규모 식품산업에 도전

- 공동사업자가 각각 역할을 분담하여, 장아찌, 김치, 전통음식반을 구성하여 체험 전수교육 실시: 공동사업자 ('09) 9명 → ('12) 8명 참여
- 현재 30가구가 채 되지 않는 마을 인원 중 8가구가 참여하여 농한기 새로운 소득을 이뤄냄
 : 매출액 ('09) 1천4백만 원 → ('12) 6천5백만 원

▶ 향토음식 체험장 식재료의 95%이상 지역농산물 활용

▶ 감자, 고구마, 메밀 등 각종 구황작물을 비롯해 지역에서 자라는 농산물을 활용하여 올챙이국수 만들기, 배추·산채 김치 만들기, 화전음식 체험 등 소박한 밥상체험으로 재탄생됨으로써 지역농산물 및 산채의 새로운 가치 창출에 기여

귀네미 내부

귀네미 외부

귀네미 상차림

---

[1] 3대 고랭지배추산지 : 강릉 안반대기, 태백 매봉산, 태백 배추고도 귀네미 마을

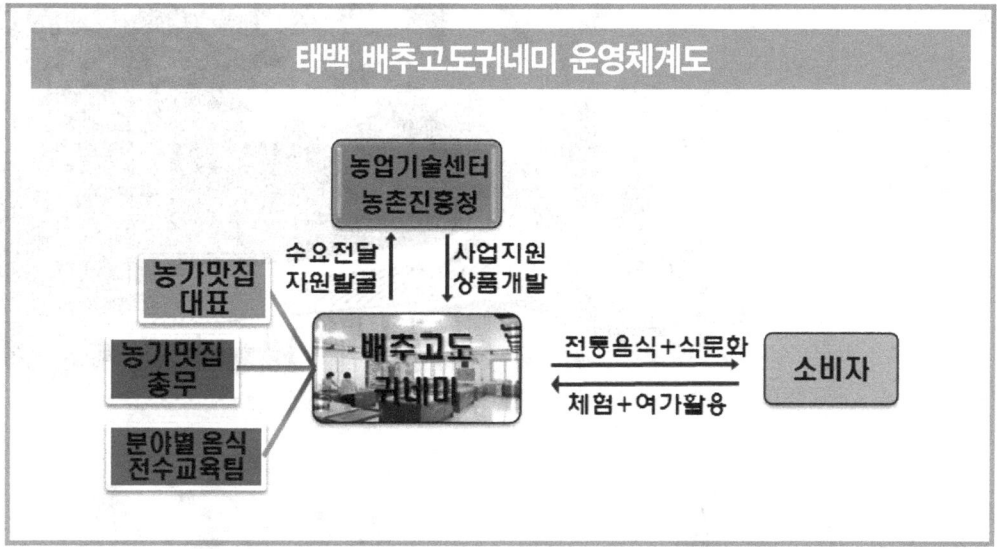

'태백 배추고도귀네미'의 나아갈 길

- 농가 맛집 운영 기간 연장방안 마련 필요
- 농번기(5~8월)에는 배추농사로 인해 운영을 하지 않아, 연간 운영일수는 약 180일에 불과함. 여름철 관광객 증가에 대응하여 향토음식 체험장을 운영하기 위해서는 공동대표 간 역할분담이 필요. 또는 제3섹터 방식의 운영주체를 확보하는 등 계절별 대응 체계 구축이 필요
- 기온상승과 잦은 기상이변, 노동력 고령화로 인한 일손부족, 지력저하로 인한 고랭지 배추농사의 어려움에 대응하기 위해 향토음식 체험장과 체험상품 개발 시 태백시 차원의 연계프로그램 필요성 증대
- 귀네미 마을에 입지한 풍력발전단지와 전망대 등으로 관광객 증가에 따른 지역농산물, 가공품 판매장을 설립하는 것도 좋은 방안으로 제시되고 있음

200년 전통종가 음식의 부활
강릉 서지초가뜰

강릉 '서지초가뜰'은 창녕 조 씨 명숙공 종가인 도지정 전통한옥에서 종부(宗婦)인 며느리가 매년 농번기 및 모내기 후 먹는 집안음식을 1998년 전통방식 그대로 만들어 지역특화상품으로 발전시킨 6차 산업화 농가 맛집이다.

법인명 강릉 서지초가뜰 위치 강원도 강원시 난곡동 264(서지마을) 대표자 최영간 설립연도 1997년
주요품목 못밥, 질상, 씨종지떡, 사위첫생일상, 체험 프로그램 등 연매출 5억 원 일자리창출 상시고용 6명
인증내역 강릉시 지정 전통한식 1호점, 농촌진흥청 농가 맛집 선정 전화번호 033-646-4430

사업현황 세상 어디서도 볼 수 없는 시골 밥상의 화려한 부활

▶ '서지초가뜰'의 유래
- '서지'는 쥐가 곡식을 모아서 보관하는 모양의 땅을 일컫는 말로 서지(鼠地)골이라 하는데, 이곳 초가집에 마당(뜰)이 있어 '서지초가뜰'이란 명칭이 탄생
- 전통한옥과 초가집은 1820년경에 창녕 조 씨 명숙공 시절 세워졌으며, 초가집은 건평 30평에 60여명을 수용할 수 있음

▶ 200년 창녕 조 씨 집안 음식이 세상 어디서도 볼 수 없는 시골밥상으로 변신
- 창녕 조 씨 종가의 전통음식을 계승, 전수하기 위해 종부(宗婦) 최영간 씨와 강릉시농업기술센터가 협력하여 1998년 전통음식점으로 오픈(강릉시 지정 전통한식 1호)
- 모내기 전후의 마을 사람들이 먹던 한 끼 밥이 새롭게 탄생
- 2007년 농촌진흥청 '농가 맛집'으로 선정되어 향토음식 발굴 및 체험 프로그램을 도입함으로써 일반 소비자 및 지역민에게 강릉의 농경문화 가치 제고

▶ 종부의 넉넉한 인심으로 차린 '못밥'과 '질상'
- 대표음식 '못밥'은 모내기철 들에 나가 먹던 음식으로 과거 쌀이 귀해 배고픈 시절, 모내기하는 날만은 팥을 듬뿍 얹은 쌀밥을 먹으라는 넉넉함을 나타냄

* 허리를 구부려 작업해야 하는 모내기의 특성상, 피가 얼굴로 쏠리는 현상이 발생하는데, 팥의 이뇨효과로 혈액 순환을 원활하게 해 부기를 억제하고자 팥밥을 먹던 것으로부터 유래

▶ 또한 '질상'은 모내기 후 농한기에 고된 일을 한 농사꾼들을 위해 집집마다 한 가지 음식을 만들어와 풍성한 밥상으로 보답을 하는 일꾼들의 잔칫날 전통음식

창녕 조 씨 전통한옥

서지초가뜰 간판

사업성과 시골 밥상 + 전통가옥이 만나 향토음식에 색을 입히다

▶ 농사일 바라지 음식 발굴 및 상품화
- 집안에서 매년 농한기 및 모내기 후 먹는 음식을 전통방식대로 개발 : 못밥, 질상
- 지역의 산재된 향토음식과 솜씨 보유자를 발굴하고 조리법 채록 및 재현을 통하여 전통식문화 계승 보전 기여
- 강릉 전통음식문화 상차림 재현을 위해 사위 첫 생일상, 진지상 등 지속적인 상품 개발

▶ 전통한옥 및 부엌살림 체험 프로그램을 통한 관광상품화
- 문화적 유산가치가 높은 전통가옥(강릉 조옥현가옥, 문화재자료 62호) 및 종가집 맏며느리란 인적자원을 연계하여 전통음식과 문화를 통한 새로운 소득원 창출
- 2007년 농촌진흥청 '농가 맛집'으로 선정. 전통음식 발굴 및 체험 프로그램 개발을 통한 관광상품화 토대를 형성, 시범사업 및 컨설팅 지원을 통해 20여평 규모의 체험관을 증축하여 농경음식 문화체험시설을 정비

▶ 농가 맛집을 통한 지역사회에 활력 제고
- '서지초가뜰'은 전통음식과 향토성을 바탕으로 방문 고객은 연간 3만 명, 매출액은 약 5억 원으로 농촌자원활용의 우수사례로 지역사회 인지도 제고
- 농촌 고령화 및 여성인력 활용(가족, 고용 상시 6명, 임시 고용 약간명)을 통해 지역사회에 새로운 일자리 창출 효과
- 대부분의 '농가 맛집'은 농업과 농가 맛집을 겸업하여 예약제로 운영하지만, '서지초가뜰'은 고용노동력을 확보하여 상시운영 하고, 2천여 평의 벼농사와 밭농사를 통해 식재료의 약 70%는 자가 생산, 20%는 지역농가에서 수급하고 있으며, 지역에서 생산되지 않은 일부 식재료는 지역 시장에서 공급받는 등 지역농업과 함께 선순환적인 발전 형태를 유지

서지초가뜰 외부

서지초가뜰 상차림

서지초가뜰 내부

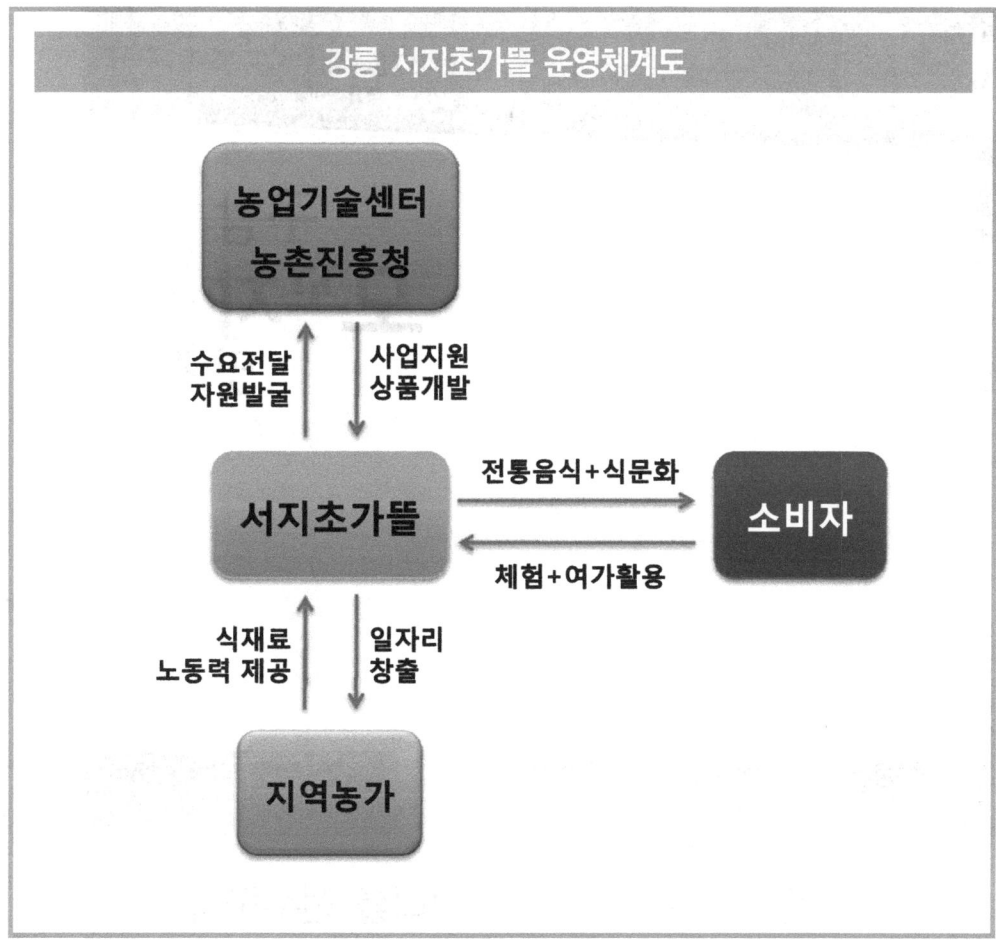

'강릉 서지초가뜰'의 나아갈 길

- 농가 맛집으로서 브랜드 유지와 품질관리를 지속하기 위해 자가 농산물 식재료 처리에 대한 원가계산 등의 세무관리 필요

- 지속적인 성장을 유지하기 위해서는 비수기 겨울철 고객 유입 전략, 가격대비 풍성함을 줄 수 있는 스토리텔링 개발 필요

- 농가만의 넉넉함을 전해 줄 수 있는 체험공간 확대, 음식점으로써 수익창출이 가능한 적절한 구조 확보가 우선시 되어야 함

고종이 즐겨 먹던 궁중요리를 전수하다
구암 모꼬지터

'구암리'라는 지역명과 여러 사람이 모여서 놀이나 잔치 따위를 하는 곳이라는 뜻이 있는 '모꼬지 터'가 만나 남양주의 농가 맛집 구암 모꼬지터가 탄생했다. 절기에 맞는 음식, 직접 재배한 농산물로 향토음식을 만들어 먹고, 우리 문화도 체험할 수 있는 기회를 얻고 싶다면 구암 모꼬지터를 추천한다.

법인명 구암 모꼬지터 위치 경기도 남양주시 화도읍 구암리 229-1 대표자 신은정 설립연도 2007
주요품목 고종쌈밥, 맥적, 유기농쌈, 장아찌류, 체험 프로그램 수상경력 2007 농촌진흥청장 표창장
인증내역 1997 한식조리기능사 취득, 2009 경기도 농업기술원 향토음식 전수아카데미 수료, 2010 친환경체험학
습농장 전문지도사양성과정 수료 홈페이지 www.mokkojiteo.com 전화번호 031-511-7752

사업현황   사라져가는 향토음식 발굴에 앞장서다

▶ **농업기술센터와 함께 향토음식을 테마로 한 체험 프로그램 개발**
- 2007년에 농촌진흥청의 '농가 맛집'으로 선정, 향토음식 조리표준화 및 레시피 개발
- 남양주의 친환경지역 특성을 반영하여 향토음식 체험장 조성(198㎡), 고종쌈밥, 계절별 전통음식체험 운영

▶ **지역 자원과 스토리텔링을 활용한 향토음식 발굴**
- 고종이 남양주에 머물 때, 수라상에 쌈밥과 맥적, 약고추장을 즐겨 올렸다는 이야기에 착안해 고종쌈밥을 개발하였고, 이외에도 다양한 향토음식 발굴

* 고종쌈밥: 돼지고기 목살을 두껍게 포를 떠 직접 담근 된장으로 양념해 숯불에 굽는 음식인 맥적을 남양주산 신선채소와 함께 먹는 음식으로, TV드라마 대장금에서 장금이가 수라간 최고상궁이 된 후 처음으로 임금에게 바친 음식으로 유명

▶ **농사짓던 어머니와 귀촌한 딸이 선사하는 선물하는 실속 있는 전통 체험 공간**
- 과수원과 축사, 농사일을 돌보던 신은정 대표는 평소 요리하기를 좋아하던 취미를 살려 요리체험을 할 수 있는 체험형 농가 맛집을 시작하게 됨

▶ **남양주 청정지역에서 직접 재배한 농산물로 만든 향토음식 문화체험**
- 10인 이상 체험객에 한하여 100% 예약제로 운영하며, 체험교육을 매개로 향토음식 판매
- 식재료는 직접 농사지은 자가 채소 60%, 인근농가 30% 등 지역농산물 활용하여 신선한 지역 농산물 소비 촉진에 기여

구암 모꼬지터 전경

구암 모꼬지터 향토음식

사업성과 슬로푸드 시티에서 맛보는 고종황제의 밥상

▶ 남양주시의 향토음식 발굴과 상품화를 위한 농업기술센터의 적극적인 의지

- 2007년 사업선정 후, 20여 차례 교육과 평가회 개최, 또한 맥적, 무말랭이 등 7종의 향토음식 발굴 등을 통해 향토음식을 활용한 외식사업 기반 구축
- 대표 음식인 '고종쌈밥 만들기 체험'을 비롯하여 맥적, 장아찌, 잼, 맛간장 등의 요리 체험과 장 담그기, 김장 등의 계절 체험을 맛 볼 수 있음
- 전문적인 요리학원에 버금가는 조리시설을 갖춘 실습 공간과 일반주부는 물론 다문화 가정, 아버지 교실에서 등에서 향토음식을 직접 체험하기 위해 방문이 끊이지 않음

▶ 슬로푸드 시티 청정지역 남양주의 화룡점정, 향토음식 체험장 '모꼬지터'

- 남양주시는 2010년 10월 경기도 최초 슬로시티[1]로 선정
- 2011년 제17차 세계유기농대회가 남양주에서 개최되면서 많은 수의 외국인 방문객이 모꼬지터를 방문하여 맥적, 맛간장, 향토음식 등을 체험함

▶ 오이, 가지, 고추 등 지역 친환경농산물 소비 촉진

- 연간 3천여 명 내외가 다양한 요리체험과 고종쌈밥 등 향토음식을 맛보기 위해 방문
- 방문객은 요리체험뿐만 아니라 남양주 친환경농산물도 함께 구입

모꼬지터 상차림 및 딸기잼

만들기 체험장

[1] 슬로시티는 1999년에 이탈리아 그레베 인 키안티 지역에서 시작한 슬로푸드 먹기와 느리게 살기 운동에서 출발. 국제슬로시티본부는 지역이 가진 고유한 자연환경과 전통문화를 지키는 지역을 슬로시티로 선정하여 자연과 전통, 그리고 공동체가 함께하는 운동을 전개하고 있음. 2013년 6월 현재, 국내에서는 11곳(신안, 완도, 담양, 장흥, 하동, 예산, 전주, 남양주시, 상주, 청송, 영월, 제천)이 선정되었으며, 국제적으로는 27개국 174개 도시가 선정되어 있음

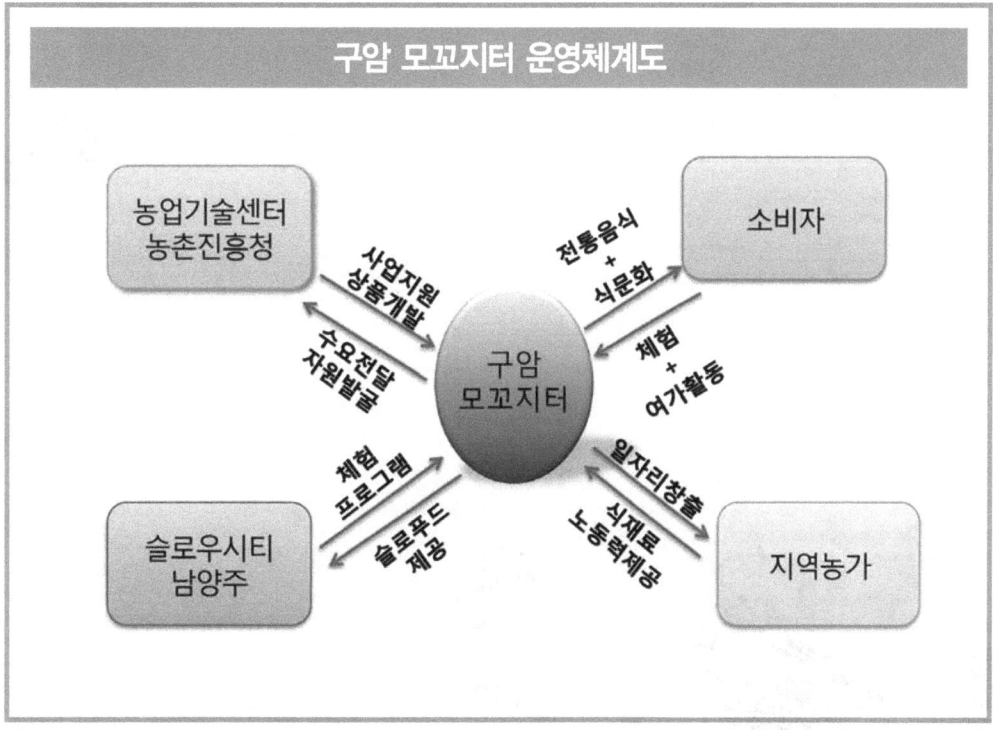

'구암 모꼬지터'의 나아갈 길

- 부부와 딸 등 가족중심 향토음식 체험장으로 메뉴개발, 세무·회계관리에 대한 어려움을 겪고 있어 농업기술센터 등 외식사업에 대한 지속적인 경영교육 및 컨설팅 필요
- 향토음식과 농촌체험을 위한 고객이 봄·가을에 편중되고, 특히 겨울철에는 유입 고객이 매우 적은 이분화 된 패턴을 극복하기 위해 장 담그기 등 겨울철 프로그램 개발에 노력
- 슬로시티 남양주의 대표적인 향토음식 체험장이 되기 위해 지역의 유기농박물관 등 지역유관단체, 친환경농산물 생산단체와의 협력으로 안정적인 로컬푸드 식재료 공급 체계를 확보하여 체험 프로그램과 접목하는 등의 노력이 필요

part 05

유통중심형 우수 사례

텃밭에서 일궈내는 6차 산업화
칠곡 농부장터

생산에서 치유까지 농부의 텃밭에서 일구어 내는 한국적 도시농업과 도농 공동체사업을 이뤄낸 친환경 농산물 직거래 매장 '농부장터'. 이름처럼 농산물을 손수 재배한 '농부'들이 직접 물건을 팔고 소비자와 만남으로써 새로운 유통 모델을 제시하고 있다.

법인명 칠곡 농부장터 **위치** 대구광역시 북구 동천동 932-1 **대표자** 김기수 **설립연도** 2009년
주요품목 감자, 무, 배추 **연매출** 4억4천만 원 **농가수** 생산자11명, 소비자250명
홈페이지 http://cafe.daum.net/gbmaul **전화번호** 053-321-0909

사업현황 직거래매장 → 고객 대상 보상 → 텃밭에서 이뤄지는 치유 활동

▶ **생활현장에서 시작하는 농부장터와 만난 생활협동조합 강북마을공동체**
- 생산자 10명과 소비자 250명이 공동 출자해 조직된 강북마을공동체는 2009년 공동체 사회를 향한 농부장터(직거래 장터)의 시작
- 건강하고 안전한 먹거리 나누기 사업의 일환으로 농부장터를 시작했으며 생산된 농산물과 연계한 생태 및 환경교육, 문화 사업 등 다양한 체험교육 실시

▶ **도시와 농촌이 함께하는 공동체를 만들기 위해 생산자와 소비자 연계 사업체계 개발**
- 일상적이며 지속적인 도농교류 사업의 일환으로 일회성 체험활동의 문제점을 파악하고 극복하기 위한 대안 강구
- 아파트, 학교, 기업 등과 일상적 교류를 기반으로 생산자와 소비자 연계 사업시스템 구축
- 농업·농촌에 대한 이해와 도시공동체 형성을 위해 도시농업 강좌교육 시행

▶ **'농부장터'의 소비자 조합원을 위한 특별한 혜택 '동명치유연구회'를 통해 텃밭을 활용한 유통과 치유의 적절한 조합 가능**
- 강북마을공동체의 생산자조합이 주최가 되어 소비자 조합원(도시민)에게 텃밭보급
- 회원 모두 시비, 모종, 수확, 밭 관리 등 공동 작업을 통해 운영하고 있으며 공동 수확 후 이웃과 나누며 같이 식사하는 등 공동체 중심의 운영
- 텃밭을 이용한 주말농장, 근교농업, 체험 농장 프로그램을 통해 농촌마을 및 생산자 조직과 연계하여 도시민들의 녹색여가문화 가능

아파트에 개장된 직거래장터

농촌과 결속력을 이어주는 텃밭사업

사업성과 도농공동체의 지속적인 교류가능성 확인 및 도시농업형태 제시

▶ 공동구매 및 직거래장터에서 체험학습으로 연계된 사업 개설을 통해 강북마을공동체(농부장터) 일원의 농가소득 효과 증대
- 2009년 사업을 시작한 첫 해의 연매출 2억5천만 원에서 2012년 연매출 4억4천만 원 달성, 2013년 상반기 예상 연매출액은 5억여 원
- 생활원예 강좌, 도시소비자한마당, 마을 가꾸기, 먹거리 강좌 등 체험 프로그램의 지속적인 운영을 통해 신수요 창출

▶ 생산자와 소비자의 만남이 이뤄지는 체험 교육 사업을 통한 도농교류 활성화
- 도시소비자의 농업·농촌에 대한 이해 증진과 공동체 의식 강화
- 마을기업의 신뢰를 기반으로 농촌체험을 운영하고 이와 연계된 농산물 공동구매(직거래사업)로 농가의 소득 증대와 도농공동체 실현
- 농촌과 함께하는 바른 마음가짐과 농촌체험, 도농교류 프로그램을 통한 도시민들의 관심극대화

▶ 생명의 근원인 흙, 자연, 작물과 교감하기 위한 텃밭 농사교육과 체험학습은 심신 치유의 장으로 활용
- 1차 농산물 생산을 직접 경험함으로써 자연과 농촌을 배우는 계기 마련

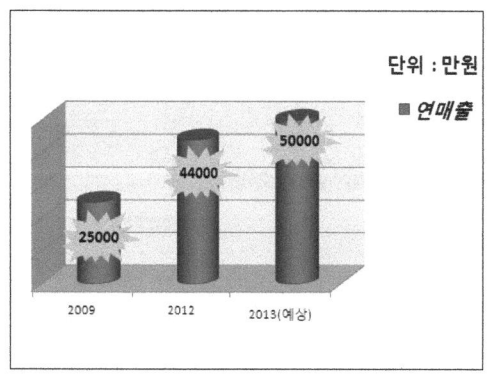

연도별 매출액

공동경작지

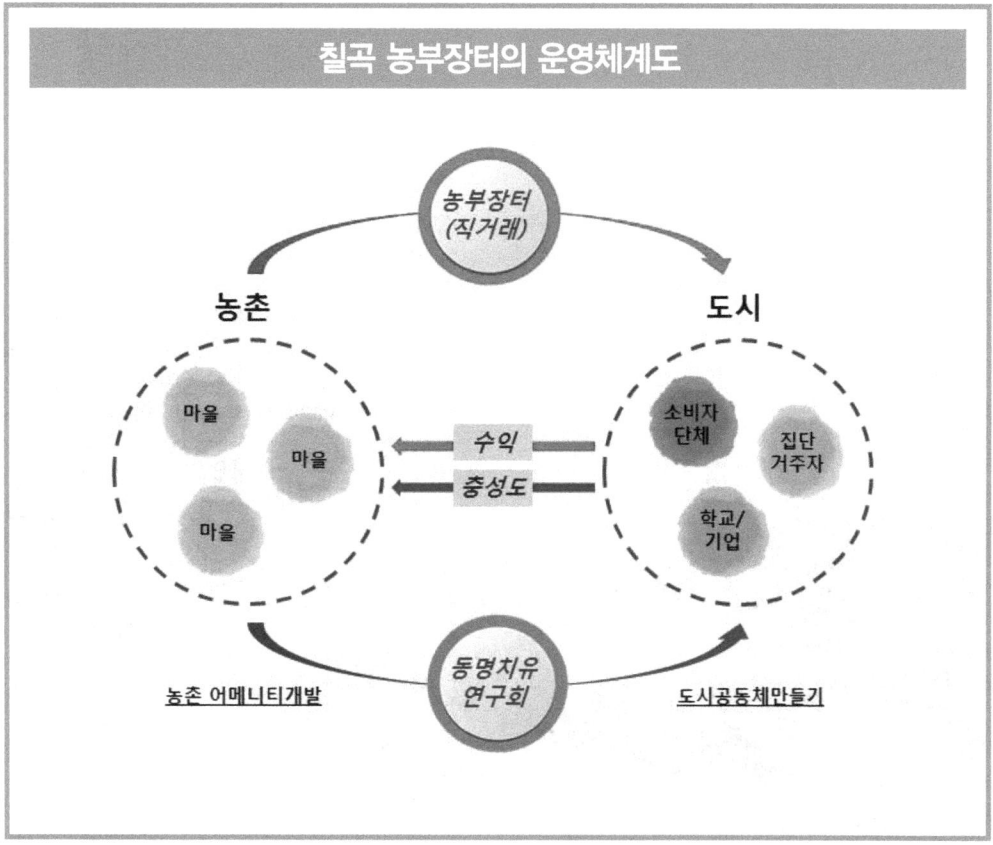

'칠곡 농부장터'의 나아갈 길

- 지방자치단체와 중간 조직의 유기적 역할 분담 필요
- 그린벨트 지역으로 묶여있는 대도시 근접지역을 근거지로 활용 가능한 방안 모색
- 도시농부학교, 귀농학교, 학생들의 농촌체험장 등의 사업과 연계한 종합적 사업구상 필요

42 고령화사회의 은퇴인력을 활용한 친환경농산물 유통
은퇴농장사람들

은퇴농장사람들은 은퇴한 도시 중장년층이 모여 전원생활의 낭만을 즐기고, 농업 노동을 통해 일정의 소득기회를 제공하여 생산적인 노후를 보장해주는 한국형 실버타운이다.

법인명 은퇴농장사람들 **위치** 충청남도 홍성군 홍동면 홍원리 1044-5 **대표자** 김영철 **설립연도** 1995년
주요품목 유기농 채소류, 가공품 **연매출** 3억 원 **농가수** 25명 **인증내역** 친환경농산물인증(제13-12-1-9호)
홈페이지 www.euntoi.com **전화번호** 041-633-2925

사업현황   은퇴한 귀농자들과 함께 유기농 농산물 생산

▶ **은퇴 후 귀농·귀촌을 희망하는 가구가 늘면서 농촌 유입인구 증가**
- 귀농·귀촌가구 증가 : ('05) 1,240호 → ('12) 27,008호(약 22배)

▶ **1995년 귀농 희망자의 니즈를 파악하여 하숙을 모델로 한 체험형 귀농 프로그램 개발**
- 입주비용(21㎡ 기준)은 보증금 1천만 원이며 하숙비(식대, 전기료, 차량유지비 등)는 월 70만 원으로 일반 실버타운과 비교했을 때 저렴한 가격이 장점
- 입주자는 농장에서 운영하는 생산 활동에 참여할 수 있기 때문에 별도의 투자금 없이 농작물을 재배하고 농사 기술을 익힐 수 있음
- 24세대 규모의 주거공간을 갖추고 있는 은퇴농장에는 19명(10세대)의 은퇴자와 청년 귀농인 6세대가 입주해 있으며 그 중 9명이 생산 활동에 참여

▶ **입주자들에게 숙식, 전원생활 등의 서비스를 제공하고 입주자들은 인건비를 받고 농장에 노동력을 제공하는 등 공동 생산 활동에 참여**
- 입주자들은 생산 활동을 통해 많게는 80만 원 정도의 수입을 올릴 수 있어 하숙비에 대한 부담 감소

※ 수확 및 소포장 작업 참여시 작업량에 따라 차등지급 : 1인 12~80여만 원/월

- 은퇴농장은 항시 상주하는 고정인력을 확보하여 작업이 필요할 때 언제든지 투입할 수 있는 상생(win-win) 구조

▶ **유기농법으로 생산, 제품의 철저한 위생 관리, 표준화, 계량화 된 매뉴얼을 바탕으로 품질의 일관성을 유지함으로써 고객들의 제품 신뢰도가 향상, 재구매율 상승 효과**

은퇴농장 비즈니스 모델 구조

하우스에서 작업중인 입주자들

사업성과   다양한 유통채널, 친환경 유기농채소로 부가가치 제고

▶ 하우스재배 유기농 채소는 연초에 계약재배를 통해 정해진 물량만큼 생협으로 출하하고, 절임류, 김치류, 잼 같은 가공품은 생협뿐만 아니라 먹거리 회원[1], 마을공동체에 공급

- 은퇴농장은 다품종 소량생산체제로 약 35종의 유기농 채소류를 생산하고 있으며 판매는 주로 생협 아이쿱(iCOOP), 절임류 등 가공품은 생협(여성민우회), 지역시민단체 등에서 연중 판매
- 소비자들의 다양한 수요 충족과 지속적인 구매를 유도하기 위해 봄철에 인근 산과 들에서 자생하는 쑥, 민들레, 엉겅퀴, 머위순, 두릅 등 자연산 재료들을 채취하여 다양한 가공품 생산

▶ 김장김치, 메주, 한과 만들기 등 음식체험 외에도 유객주, 솟대, 소형장구, 실팽이, 탈 만들기와 같은 다양한 체험행사를 진행하여 연간 1천4백여 명이 방문

- 김장철에 김치은행 이벤트를 진행하여 주부들이 농장에 방문해서 김장을 담근 후 은퇴농장의 냉장창고에 보관하여 필요할 때마다 택배로 배송하는 시스템 구축
- 체험행사는 도시민들에게 농촌생활에 대한 친근함을 전하고 은퇴농장을 알려서, 참가자가 먹거리를 직접 구매하거나 인터넷주문을 유도하는 역할 수행

▶ '은퇴농장사람들'은 귀농·귀촌을 희망하는 경력이 풍부한 잉여인력으로 농촌 고령화와 일손부족 문제를 해결할 수 있는 새로운 경영모델

비닐하우스 (다품종 소량생산)

김장 김치 담그기 체험

---

1) 먹거리 회원제 : 월10만 원씩 회비를 납부하는 회원에게 다양한 친환경 농산물가공품과 반찬거리를 매회 반복되지 않게 다품종 소량씩 담아서 월2회 배송하는 판매방식으로 현재 20여 회원이 가입되어 있음

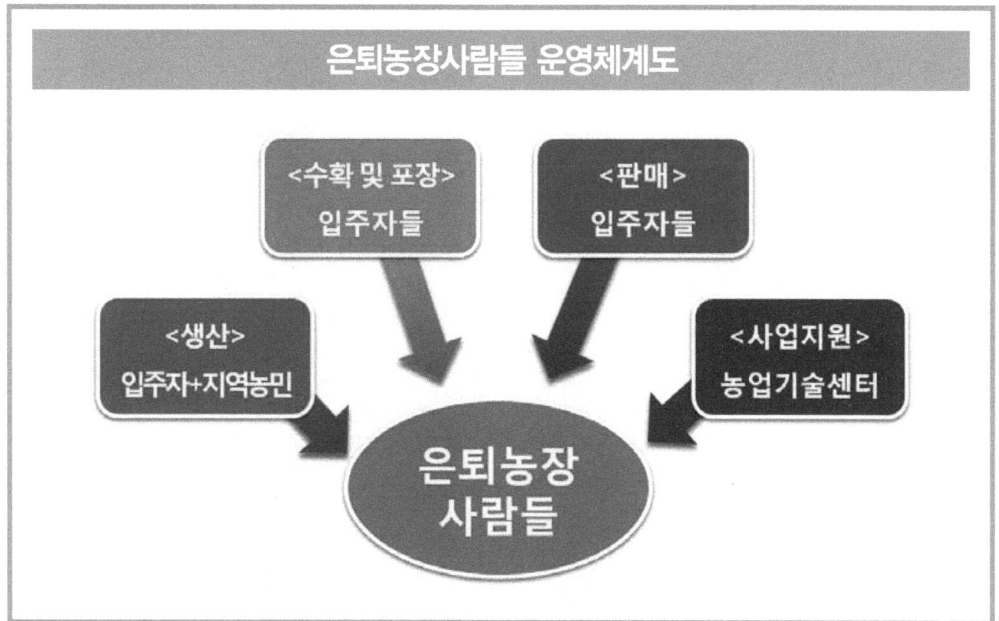

'은퇴농장사람들'의 나아갈 길

- 기존의 실버타운과는 달리 '은퇴농장사람들'은 은퇴자들이 소일거리로 농사일을 하면서 자연스럽게 무료함을 달래고 건강도 유지할 수 있다는 것에 초점을 맞추고 있어, 입주자들의 풍부한 경험을 활용하고, 노인들에게 적합한 생산기술 체계 확립이 필요
- 현재 24세대가 입주해서 살 수 있는 주거시설을 갖추었고 비닐하우스(2,713㎡)에서는 유기농 채소를 재배, 농산물 소포장가공시설(92㎡), 냉장창고(21㎡)를 갖추고 있어 1년 내내 판매가 가능한 형태 구축
- 유지, 발전을 위해 소비자의 안전·안심 욕구에 부응할 수 있는 HACCP 시스템 도입과 소비자와 연계한 체험 프로그램을 통해 얼굴 있는 농산물, 생산체계를 적극 홍보 필요
- 김치 만들기 체험 등 체험 프로그램 운영을 위해 생산 및 수확, 포장에 대한 투입 노동력의 적절한 분담 체계 필요

43 세계를 선도하는 글로벌 브랜드
농업회사법인 머쉬엠[주]

새송이버섯 수출을 주도하는 머쉬엠은 2008년 8월, 7개의 수출업체와 농가들이 연합수출법인을 설립하면서 출범한 농업회사법인이다. 2009년 선도조직으로 선정된 이후, 비약적인 발전을 거듭한 결과 2012년 18개 농업법인과 37개 농가가 참여해 새송이버섯 생산 시설만 3만평에 달하는 대형 농장으로 성장하였다.

법인명 농업회사법인 머쉬엠(주) 위치 서울 서초구 양재2동 904호 대표자 김일중 설립연도 2008년 주요품목 새송이버섯, 팽이버섯 연매출 160억 원 농가수 18개 농업법인 37농가 수상경력 10만 불 탑 수상, 30만 불 탑 수상, 2013 제14회 농식품수출탑 대통령표창 인증내역 친환경인증, 글로벌 GAP, HACCP, ISO 9001, ISO 14001, G마크 홈페이지 http://www.songiol.com 전화번호 02-6300-2641

사업현황 철저한 안전품질관리와 연구로 고품질 버섯생산 – 수출 사업에 초점

▶ 매월 안전성, 품질향상을 위한 교육을 실시하고, 품질관리요원제도를 운영하여 버섯의 고품질, 안전성의 차별화 도모
 - 수출용 버섯의 발아, 생육 등 배재관리, 장거리 수출용 버섯의 저장성 확보를 위한 교육, 농가 품질관리를 위한 전문 인력 자체교육을 매월 실시
 - 친환경인증, Global GAP, HACCP, ISO9001, ISO4001 등을 획득하고 품질향상을 위한 품질지도사의 농가 점검활동을 강화

▶ 신품종 개발 등 조직체의 지속적인 성장을 위해 연구개발에 대한 투자를 높여 수출 경쟁력을 높임
 - 수출용 새송이버섯 선도유지포장필름과 버섯배지원료 대체재를 개발하고 혼합배지 특허진행 등 연구개발의 성과를 피드백하여 농가의 경영 효율 제고
 - 오메가 3를 함유한 기능성버섯, 아위버섯 등 신규버섯을 정부기관 연구소와 공동으로 개발하여 수출가능성 타진

▶ 공동브랜드의 강점을 이용하여 aT에서 개발한 국산 신선농산물 공동수출 브랜드 '휘모리'의 이름으로 수출
 - 정부와 지자체에서 엄격한 품질관리 매뉴얼을 제시하기 때문에 휘모리 브랜드를 부착한 것만으로도 소비자의 신뢰도 획득에 유리

▶ 해외시장 개척을 위해 매년 박람회, 판촉전, 바이어 홍보를 펼쳐 머쉬엠 버섯의 우수성 알림
 - 2008년 수출조직 결성 후, 국제 식품박람회 6회, 바이어 수출상담회 3회, 해외 판촉행사 4회, 해외우수 바이어 초청 3회 등 총 16회 행사 추진
 - 소비자 홍보 시식회, 바이어 초청 등의 해외 판촉행사를 통한 마케팅 활동으로 식재료 수출 수요물량 확보

머쉬엠 수출용 버섯

일본 수출용 소포장기

사업성과 탄탄한 조직관리와 안전경영으로 세계시장 석권 목표

▶ 국내 새송이버섯 수출의 76%를 담당하는 수출 선도 조직으로 인정받아, 2013년 제 14회 농식품 수출탑 시상식 대통령 표창 수상

▶ 안정적인 원료조달을 바탕으로 수출은 물론 다양한 유통채널을 확보한 유통중심형 6차 산업화 달성
- 대만 수출증대를 위해 국산 신선채소(배추, 양배추)의 묶음수출을 시작하고, 새송이버섯과 팽이버섯을 수출할 수 있는 판로를 확보
- 일본 소비자가 소포장을 선호하는 것에 맞춰서 일본 수출용 소포장기를 개발하여 수출확대 기반 마련(판매량 약10% 증대)

▶ 효율적인 의사결정을 위해 운영위원회를 주기적으로 개최하고, 선도조직간의 협력강화를 위해 배지 공동구입 등 다양한 사업 추진
- 회원사의 이사들로 구성된 운영회의를 매달 개최하여 신규농가 확대방안, 수출 품위규격품 미달 농가를 파악하고 조직발전 방안 공유
- 머쉬엠의 버섯 배지원료 수입 노하우와 팽이버섯 선도 조직인 KMC의 버섯 통조림 개발 노하우 공유 등 선도조직간 협력강화로 수출 신장률 제고

▶ 생산과 유통의 결합으로 부가가치를 창출하여 회원사 증가에 기여
- 2010년도 머쉬엠의 회원사는 12개, 수출 공급물량은 1,340톤이었지만 2011년 회원사를 18개로 늘리면서 수출 공급물량도 2,248톤으로 전년대비 67% 증가함

머쉬엠 홍보용사진

해외 판촉행사

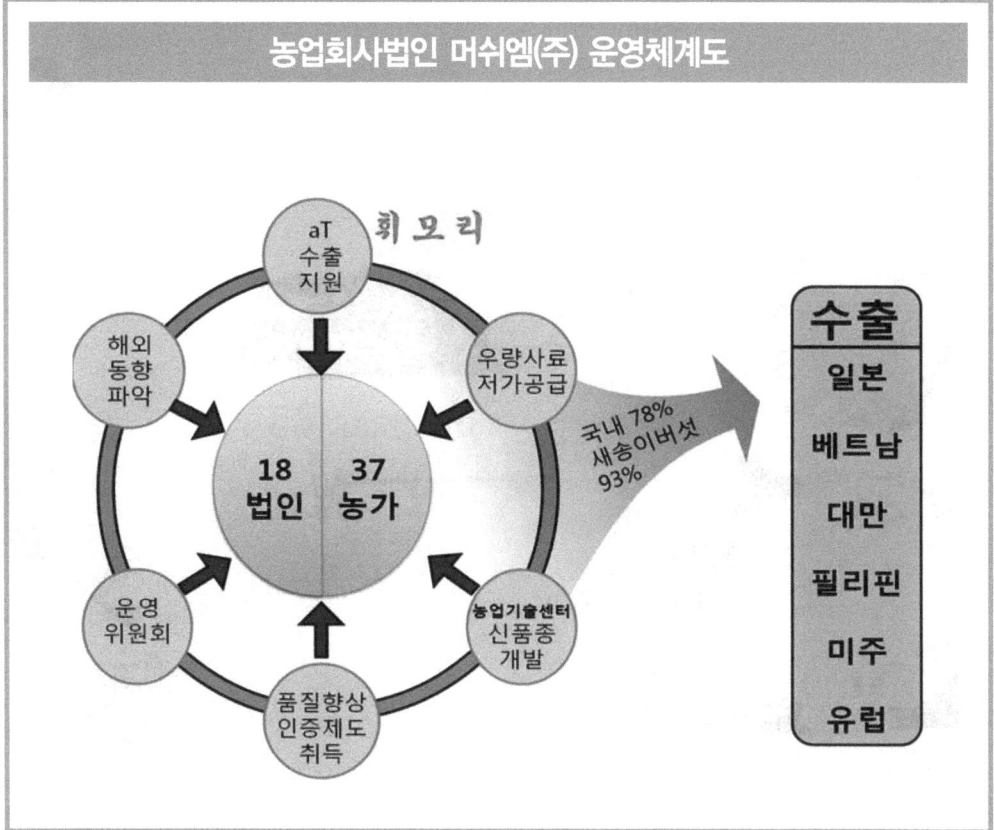

'농업회사법인 머쉬엠(주)'의 나아갈 길

- 2008년 농업법인 설립 후 지속적인 외적 성장을 이루어 왔지만 지속적이고 안정적인 수출 물량 확보를 위한 마케팅보드 제도화

- 해외 교포 위주의 판매 방식에서 벗어나 해외 마트 홍보를 중점적으로 늘려 진입 교두보 확대

- 해외 수출에 치중하여 국내 소형 농가의 수익성을 보장 하지 못하는 상황을 미연에 방지하기 위한 제도 보완

농업을 바꾸고 사회를 변화시키는
언니네 텃밭

전국여성농민회총연합 식량주권 사업단에서 사회적 기업으로 추진 중인 '언니네 텃밭'은 전국 15개 공동체, 150여 농가가 참여하고 있다.
친환경으로 재배한 토종종자로 환경도 살리고, 바른 먹거리 제공에도 일조하여 도시 소비자들에게 각광받고 있다.

법인명 언니네 텃밭 **위치** 서울시 서초구 방배2동 450-10 성도빌딩 304호(본사) **대표자** 김정열
설립연도 2009년 **주요품목** 두부, 유정란, 엽채류, 기타 제철채소 및 반찬 **연매출** 4억 원 **농가수** 150여 농가

사업현황 | 얼굴 있는 먹거리로 생산자와 소비자가 함께하는 공동체

▶ **건강한 먹거리를 통한 농업 공동체 실현**
- 텃밭농사를 통해 우리 종자로 우리의 먹거리를 생산함으로써 토종 농산물 복원과 친환경 농업을 실현하여 바른 먹거리를 제공하는 것을 최우선 가치로 생각
- 생산지 체험활동 연1회, 소비자 지역 모임 연1회 참가를 의무사항으로 정하여 생산자와 소비자의 관계를 공동체로 연계
- 소비자가 일정 비용을 지불하면 주1회, 지역에서 생산된 다양한 농산물을 택배로 발송

▶ **중앙에서 지원하고, 지역 공동체에서 회원을 관리하는 '꾸러미 사업' 전개, 전국 15개 공동체 활동 중**
- 해외에서 활성화되고 있는 CSA(공동체지원농업)형태를 도입하여 여성농민의 힘으로 텃밭을 활용하여 소득을 올릴 수 있는 '꾸러미 사업' 운영
- 회원이 중앙으로 입금하면 중앙에서 각 지역의 생산자공동체에 주문받은 개수만큼의 금액을 보내고, 생산자공동체는 출하한 농산물의 물량 및 단가에 따라 정산

▶ **제철 꾸러미상자가 진화를 거듭하고 있으며, 동봉되는 생산자의 소박한 편지는 농촌의 정을 느끼게 하여 소비자 만족도가 높음**
- 꾸러미상자에는 토종종자로 생산된 배추, 가지 등 유기농채소, 유정란, 두부 등 가공식품, 전통장류 등이 가득 채워지며 3~4인 가족용과 1인 꾸러미도 배달
- 생산자의 진솔한 농산물 이야기, 어머니 손맛 레시피 등을 담은 한 장의 편지는 소비자들에게 따뜻한 농촌의 인심을 전달

공동 포장 작업

횡성 지역 텃밭 두부

| 사업성과 | 새로운 아이디어로 소비자와 생산자 모두가 이익 |

▶ 안전한 제철 먹거리를 찾는 소비자 회원 증가로 새로운 생산자공동체 형성
- 한 생산자공동체는 10여 명의 여성농민으로 운영되며, 한 농민이 10명의 소비자회원을 책임 분담하는 방식으로 추진
- 새로 생기는 공동체는 주변의 다른 공동체의 진행과정에 참여해서 견습 과정을 거쳐야 하며, 기존의 생산자공동체 소비자회원 일부를 이월 받아서 수행
- 생산자를 대상으로 매월1회씩 정기교육이 진행되며 친환경 다품종 소량생산 형태의 농사를 지향

▶ 공평한 소득분배를 위해서는 공동체 내의 관리능력(소득조절, 공동생산계획 등)이 중요
- 지역 생산자단체는 소비자에게 보내는 먹거리 종류와 수량, 각 먹거리의 단가를 정하며, 이는 매주 발송 직후 생산자공동체 회의를 거쳐 결정
- 매주 꾸러미가 발송된 후 지역 생산자공동체의 회의가 진행되며, 발송품목의 장단기계획을 세우고, 현재 작황 상태를 공유
- 작물의 경작과 발송 계획을 회의를 통해서 결정하기 때문에 참여농가 가운데 평균수입(약 40만 원)을 못 받는 농가가 없도록 고려

▶ 평소 접해보지 못한 다양한 먹거리를 공급하여 소비자 회원의 식탁을 다양하고 건강하게 만드는 것이 목표
- 제철 채소만으로는 부족해질 수 있는 꾸러미에 여성농민이 직접 만든 반찬류, 가공품을 포함함으로써 보다 풍성한 꾸러미 제작, 특히 겨울철 반응이 좋음
- 제철 채소 외에 농민들이 직접 담근 김치, 장아찌와 같은 반찬류, 가공품도 포함되어 꾸러미만으로 1주일 식단을 완성할 수 있도록 구성
- 소비자가 고향의 농산물을 원하는 경우 소비자의 의향에 따라 먼 지역의 생산자공동체에 배정받을 수 있도록 유연한 운영체계 확립

생산자 교육

꾸러미 상품

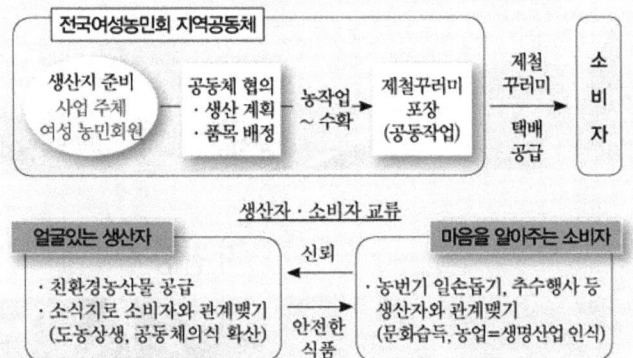

'언니네 텃밭'의 나아갈 길

- 토종씨앗을 친환경 재배법으로 생산하여 종자주권을 실현하고 소비자들에게 안전안심 농산물을 제공함으로써 생산자공동체를 활성화시켜 소비자의 신뢰도 구축
- 일반 대형마트처럼 소비자의 농산물 선택권이 다양하지 못하기 때문에 향후 소비자 회원 확대를 위해서는 다품종 소량생산이 중요
- 농촌을 살리고 여성농업인의 권익을 보호하는 좋은 취지도 있으나 전통문화를 습득하고 생명산업으로 농업을 육성하는 시민운동으로 확대하는 방안 모색
- 모종심기, 물주기, 수확 등 작업 단계별 가족단위 체험행사와 직거래 장터 등 고객확보 전략 필요

자연에 기술을 더하는 기업
J&A 농업회사법인

(주)제이앤드에이는 과학적인 농법과 친환경 포도재배, 농가의 재배 컨설팅을 기반으로 품질 좋은 포도생산을 주도하고 있다. 주말체험 농장을 운영함으로써 지역 경제 활성화에 이바지하는 6차 산업 모범기업이다.

법인명 J&A 농업회사법인 위치 경기 화성시 송산면 사강리 721-1 대표자 백용 설립연도 2005년
주요품목 포도(캠벨) 연매출 80억 원 농가수 150호
수상경력 한국일보 주최 2009 대한민국 고객감동 그랑프리 대상 인증내역 House Keeper 특허 취득
홈페이지 www.jandapodo.co.kr 전화번호 031-357-8087

사업현황 — 세계로 뻗어가는 우리 포도의 저력

▶ 1차 생산에만 치중하던 농가들에게 유통의 중요성과 문제점을 인지시켜 2, 3차 산업과의 연계를 긴밀히 하고 더 높은 소득창출을 이끌 수 있는 기회 제공
- 과거 생산량에 연연하던 농가들의 잘못된 유통개념을 바로잡고 시장을 바라보는 넓은 시야를 확보할 수 있도록 주민을 대상으로 교육 활동 전개
- 기본적인 생산교육부터 유통 문제까지 전반적인 교육을 실시하고 부족한 부분이나 문제점 발생 시 심화교육을 통해 해결방안 제시

▶ 농식품부 지정, 현장실습 교육장을 보유하고 농업인재개발원 관장 하에 한해 총 800시간 교육 실시
- 포도농가 최초로 매뉴얼에 따라 직접 교육하고 생산, 출하함으로써 품질을 높일 수 있었으며 그 결과 가락동 농수산물 시장에서 최고가 경매 기록(2011.08)
- 한 농가당 15시간씩 연 5회에 걸친 교육을 진행하고 생산에만 치중하던 농가들에게 유통의 중요성과 문제점을 인식시킴

▶ 2012년 뉴질랜드에 포도 수출 시작, 뉴질랜드 현지에서 직접 포도 재배를 계획 중
- 우리나라와 기후가 반대인 뉴질랜드 현지조사 결과, 충분히 수익성이 있고 부가가치도 매우 높은 것으로 나타남
- 뉴질랜드 포도는 99%가 가공용으로 생산되지만 생식용 포도 수요가 매우 높은 편이며 특히 한국 포도의 호응이 매우 높은 것에 착안하여 현지 재배 가능성을 조사 중

포도선별

현장실습장 교육현장

사업성과 송이송이 행복이 열리는 주말농장으로 6차 산업 실현

▶ 농업기술실용화재단과 업무협약 체결, 양질의 농가 경영 컨설팅 제공
- 농업기술실용화 재단과 업무협약으로 친환경 포도유통촉진사업을 진행, 전문가들이 직접 농가를 방문하여 토질조사, 품질조사를 실시하였으며 시설 확장 방안도 마련 중에 있음

▶ 주말농장을 운영함으로써 소비자와 함께 하는 포도농장 구현
- 가족, 관광객과 함께 할 수 있는 주말농장을 운영하여 농촌을 직접 체험하고 건전한 여가 선용을 위한 환경 마련
- 포도밭을 분양하여 포도순 따기, 봉지 싸기 등을 직접 체험할 수 있도록 하고, 포도농장 뿐만 아니라 대중교통으로도 이용 가능한 곤충농장, 제부도 연꽃 등의 볼거리를 제공하여 지역발전에 이바지

▶ 특허 받은 포장재 사용, 포장이 곧 효과적인 마케팅
- 재배 시 사용한 봉지를 그대로 사용하면 깔끔해 보이지 않는다는 판단 하에, 자체 개발한 특허 받은 포장재를 활용하여 상품성제고
- 상품훼손을 줄이고, 금·은·동 상자에 담아 포장 내 상품크기를 동일하게 하는 아이디어로 상품가치 제고

대형마트 납품

포도밭터널

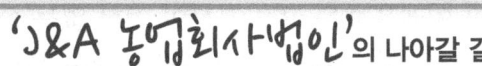

- 매년 반복되는 기상재해로 많은 과수농가에 피해가 발생하고 있기 때문에 이에 대응하기 위한 시설확충과 품종개발이 절실함

- 수출 매뉴얼은 구체적으로 작성하더라도 현재의 높은 진입장벽을 낮출 수 있는 방안을 마련하여 새로운 업체들의 수출 가능성을 높여야 함

- 포도는 계절과일로 사업 기간이 한시적인 점을 해결하기 위하여 해외농업으로 확대, 특히 남반구의 뉴질랜드는 토지, 기술력 등의 조건에서 우리가 우위에 설 수 있어 향후 현지 재배 시 매우 유리한 입지를 점할 것으로 판단

46 농산물 유통의 새로운 모델 제시
이레유통

전라남도 해남에 위치한 이레유통은 고정 자산이 전혀 없는 상황에서 고구마, 해남배추, 양파 등의 농산물 계약재배로 소비처별 특성을 분석하고 판매하여 사업시작 10여년 만에 연매출 190억 원을 올리는 건실한 농산물 전문 유통업체로 성장하였다.

법인명 이레유통 위치 전라남도 해남군 마산면 학의리 301 대표자 김영진 설립연도 2001 주요품목 해남고구마, 배추, 양파 등 연매출 195억 원 농가수 112 농가 수상경력 2006 농림부장관상, 2011 여성친화우수기업상, 2012 농업인 대상 홈페이지 www.erfood.co.kr 전화번호 061-533-3407

사업현황 — 농장 + 공장 + 시장을 통합한 맞춤 경영이 성공비결

▶ **지역 고구마, 배추 생산농가와 계약재배를 통해 안정적 물량 확보, 수매제도 개선**
- 해남지역 110여 고구마 생산농가와 계약재배를 시행하고, 품질향상에 노력
- 큐어링 시설을 설치하여 신선도, 저장기술 등 자체 시설 완비
- 기존의 인맥중심 수매에서 벗어나 2006년 품질에 따른 정산과 종자공급, 종순공급, 포장관리지도를 통한 우량품질 중심 수매를 시행하여 품질 좋은 호박고구마 출하

▶ **호박고구마란 공동브랜드를 개발하고 상품화 노력, 포장지 차별화전략**
- 타 지역 상품과 차별화를 위해 해남고구마의 지리적 표시제를 등록하였고, 황토호박고구마 브랜드 이미지 개선을 위해 노력
- 예냉, 예건, 선별, 저장 등 수확 후 상품까지 관리하는 호박고구마 전용 프로세스를 독자적으로 적용하여 이레유통 호박고구마만의 맛, 품질 유지

▶ **연간 평균 고용계획**

구분	연간 평균 고용 계획/일		
	계	상용	일용
계	152	87	60
2012년	67	37	30
2013년 계획	85	50	35

해남황토고구마 캐기

고구마모종을 위한 땅고르기

사업성과 연매출 190억 원, 지역 농산물 유통 및 상시고용으로 일자리 창출

▶ 고정자산이 전혀 없는 상황에서도 2007년 매출 70억 원을 달성해 주목받기 시작
- 고정자산이 전혀 없는 상황에서 산지유통 매출액 70억 원(2007)을 달성했던 이레유통은 집하장과 선별장 등 사업에 필요한 기타 시설을 임대하여 사용함에도 불구하고 놀라운 매출액 신장세를 보이고 있음(2012년 190억여 원)

▶ 소비처별 특성을 철저히 분석하여 특화된 마케팅 전략 활용
- 농민은 품질 좋은 고구마를 생산하고 이레유통은 각 유통업체 등 소비처, 소비자의 특성을 파악하여 소비자가 추구하는 상품으로 선별, 포장
- 합리적인 가격에 소비자가 구매할 수 있도록 소비자의 시각에 눈을 맞춰 출발

▶ 시설, 장비 확충(하드웨어)보다는 인력의 고급화, 전문화(소프트웨어)를 중시함으로써 인간 중심 경영 실현
- 해남의 가공센터를 임대하여 활용하고, 전문 인력 양성에 비중을 두고 이를 육성
- 박사급 전문 인력을 조사기획, 마케팅 분야에 적극 활용하고 고구마, 배추, 양파 등 분야별 전문가를 현장에 배치하여 계약재배 실행

▶ 직원 개인과 회사 모두 성장 목표를 가져야한다는 확신아래 직원 교육 및 소규모 모임 활성화
- 직원들의 전문적 지식함양을 목적으로 재교육 시 장학지원을 비롯하여, 직원들이 회사 일에 전념할 수 있도록 생활자금 지원
- 선임직, 영업부, 총무부, 여직원 모임 등을 활성화하여 소모임 별 활동비를 지원하며 우수 분임반에 대한 포상을 통해 능동적인 인사노무 관리 실천

고구마 선별장

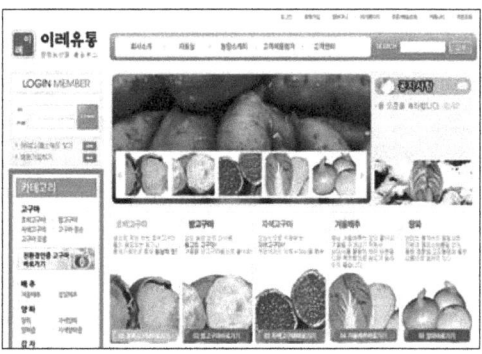

이레유통 홈페이지

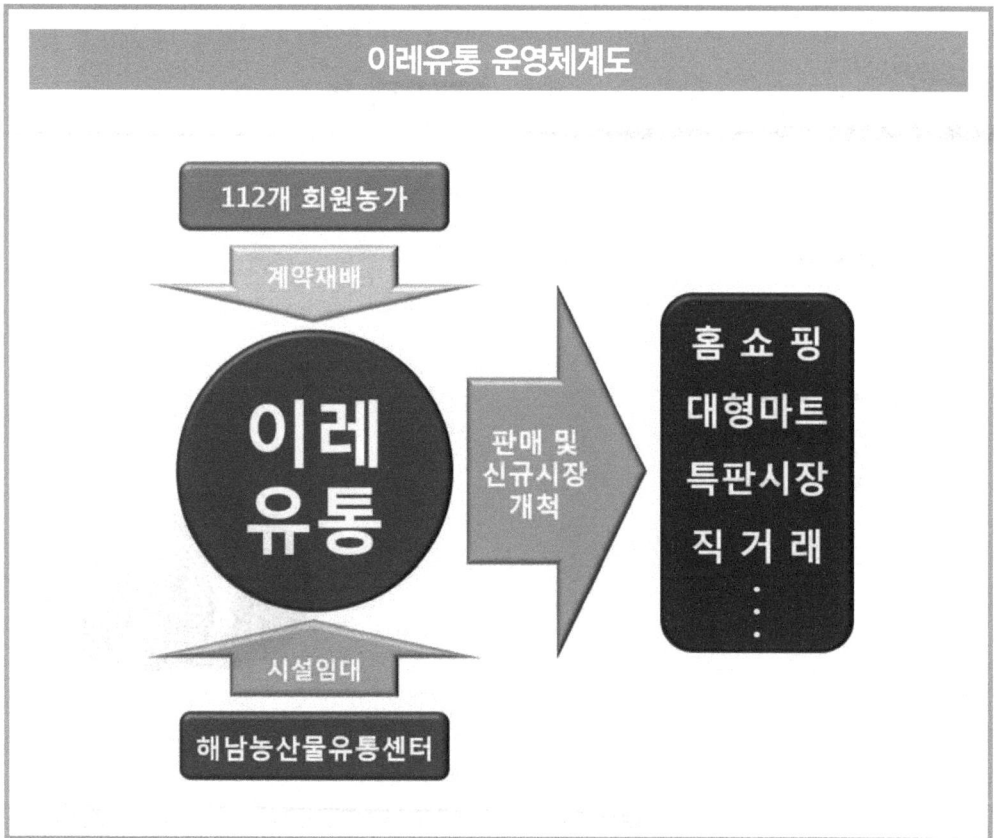

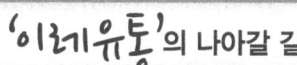'이레유통'의 나아갈 길

- 소비처 다변화와 신시장 개척 노력의 결과 기존 시장의 불합리한 유통구조에서 탈피, 재배농민은 소득향상, 소비자는 합리적인 가격에 고품질의 고구마를 맛볼 수 있게 되는 긍정적 결과 획득
- 농민 생산자 조직체를 확대하고 계약재배로 농가소득보전에 기여
- 지역인적자원을 활용하여 지역경제의 역군으로 거듭날 것
- 고구마, 양파 등 1차 생산물을 가공한 2차 상품 개발에 노력

세계로 뻗어나가는
당진 단호박연구회

당진 '단호박연구회'는 당진시 농업기술센터의 기술지원을 받은 재배기술로 우수한 상품을 생산하고 이를 90% 이상 직거래로 판매하는 유통 중심형 6차 산업 우수사례로 평가된다. 또한 팜스테이 프로그램으로 도농간 교류역할을 하는 조직체로 발전한 것은 물론, 세계 시장에 도전장을 내민 당찬 마을 기업이다.

연구회명 당진 단호박연구회 **위치** 충청남도 당진시 신평면 초리 새마지로 13 **대표자** 조인선 **설립연도** 2001년
주요품목 단호박 **연매출** 30억 원 **농가수** 42농가 **재배면적** 15ha **인증내역** ISO 9001국제품질 인증

사업현황 — 새로운 대체작목과 직거래로 부가가치 창출

▶ **유통비 절감하는 직거래로 농가 소득 향상**
- 초기 계통출하 시 부담되었던 유통비용이 많이 들어 직거래로 전환한 후 꾸준히 유지·발전
- 온라인 판매 등을 통해 직거래를 활성화 하고 수출, 도매시장 출하, 대형마트 납품 등 다양한 수익창출 구조를 갖춤

▶ **당진시 농업기술센터의 집약적인 기술 투입과 관리로 당진군 10대 전략작목으로 선정, 전국 최고 가격**
- 조기재배, 조기수확으로 장마철 발생될 수 있는 상품손실을 최소화 하고 부직포를 이용해 땅과 모종의 온도를 높여 서리피해 예방
- 농업기술센터와 연계하여 적절한 온도에서 일정기간 동안 후숙을 시켜 높은 당도, 최고 품질 단호박 생산

▶ **직거래, 팜스테이로 지역 경제발전에 이바지하는 효자 상품**
- 단호박 파종기·수확기에 맞춰 다수의 고객을 초청하고, 방문객과 함께 농사를 체험함으로써 노동력 절감과 농촌 체험 두 가지의 장점을 극대화
- 대도시와의 접근성이 좋고(서울 1시간) 지역의 다양한 관광지를 연계하여 소개함으로써 복합적인 영농체험 및 여가휴식 제공
- 농민과 방문객이 함께 효용을 높일 수 있는 B&B 방식[1]으로 숙식을 제공하고, 판매는 PYO(Pick your own)방식을 활용, 소비자가 농장에서 직접 수확하여 가져가는 방식

단호박 수출컨설팅

공중터널 재배방식

---

[1] Bed breakfast의 준말, 1박2일동안 아침식사만 주인이 제공하고 나머지는 방문객이 해결하는 방식

| 사업성과 | 팜스테이 프로그램을 통해 지역경제 활성화에 이바지 |

▶ 단호박은 당진군농업기술센터의 10대 전략작목으로 선정되어 농업기술센터의 집약적인 기술투입과 관리로 집중 육성

- 2003년 일본수출을 시작으로 당진 단호박의 우수성을 인정받고, 이후로도 꾸준한 수출물량 유지
- 2007년 전국 최초 ISO9001 국제품질 인증을 획득하여 우수한 품질로 해외시장을 공략할 수 있는 기틀 마련
- 2008~2011년까지 매년 20톤 수준의 물량을 수출하고, 매년 수출계약이 꾸준히 체결될 뿐만 아니라 품질우수성을 인정받아 매년 kg당 10% 이상 높아진 가격으로 수출계약 체결

▶ 유통마진 줄인 직거래로 당진 단호박의 몸 값 상승

- 직거래를 통해 기존의 경매가격 대비 약 70% 이상 높은 수취가를 기록하여 직거래에 따른 비용을 제하더라도 수익은 증대
- 초기에는 불안정한 직거래가 이루어졌으나 생산기술의 발전으로 상품가치가 높아져 현재는 90%이상의 직거래 비율 기록

▶ 농가민박 프로그램 실시로 다양한 형태의 부가적인 소득효과를 나타내고 이를 통해 지역의 활성화에 기여

- 파종기나 수확기에 시행하는 농가민박 프로그램은 노동력 절감효과 및 농가소득의 상승효과 획득
- 도농교류 활성화를 통해 농산물 판매 소득을 높일 수 있고 단호박 생과뿐만 아니라 다양한 가공식품(고추장, 된장, 술, 장아찌 등)을 판매

단호박 재배단지

단호박 생산

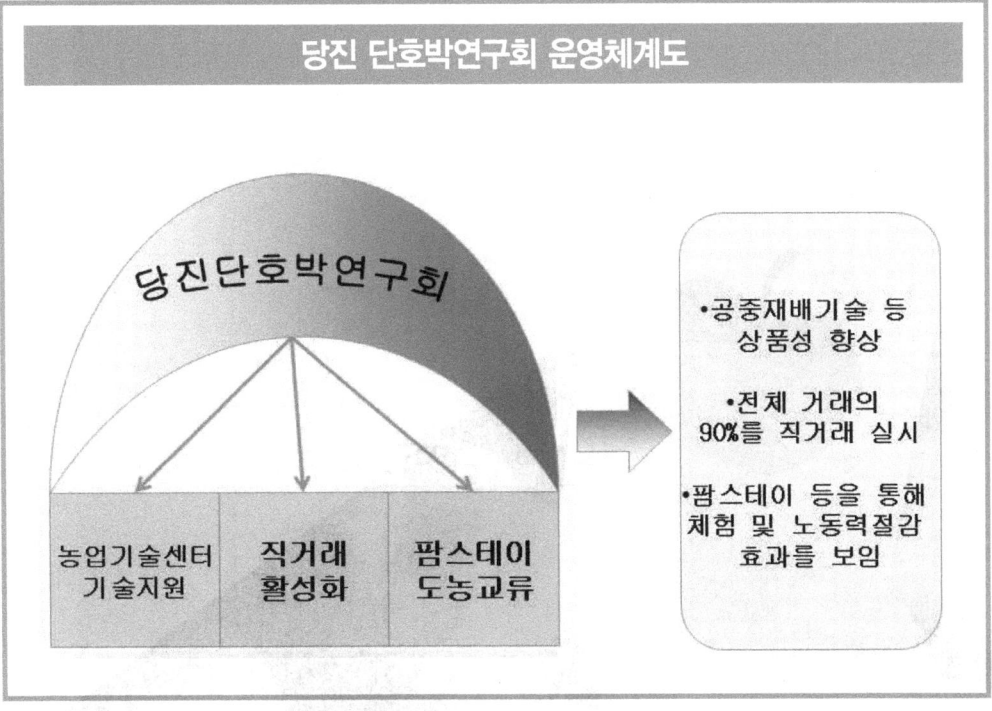

'당진 단호박연구회'의 나아갈 길

- 6차 산업 활성화 전략으로 기존의 농가민박 프로그램을 확대하고, 부가가치 향상을 위해 팜스테이 프로그램 확대
- 가공상품을 특화시킴으로써 전체 소득 비중 가운데 가공품을 통한 소득 창출 비중을 증대할 계획
- 도시 접근성이 좋은 장점을 살려, 도시민을 대상으로 하는 체험 프로그램 다양화 필요

48 아이디어를 품은 사과! 농부들의 신나는 파티
파머스파티

경상북도 봉화에서 재배된 친환경 고품질 사과에 개성을 불어넣은 파머스파티. 불합리한 유통구조를 뛰어넘고자 소비자와 생산자간 직거래를 위해 감각 있고, 트렌디한 사과로 변신에 성공한 후에도, 다양한 판촉 아이디어로 소비자의 마음을 사로잡고 있다.

법인명 파머스파티 **위치** 경상북도 봉화군 춘양면 도심리 713번지 **대표자** 이봉진 **설립연도** 2010년
주요품목 사과, 사과즙, 홍도라지 청 등 **연매출** 6억 원 **농가수** 개인농가 **홈페이지** www.farmersparty.co.kr
전화번호 054-672-2691

사업현황 젊고 감각적인, 가치 있는 소비를 위한 새로운 시장 개척

▶ 유통의 불합리함을 아이디어로 극복하고자 소비자와 생산자가 직접 소통하는 직거래 브랜딩 프로젝트 기획
- 고품질의 상품을 유통구조 없이 직거래 금액으로 소비자에게 제공하여 믿을 수 있는 농가 이미지 제고
- 생산부터 납품까지 불필요한 과정 및 비용을 줄임으로써 합리적인 가격에 제공 가능

▶ 사과에 젊은 감각의 '파머스파티'란 네이밍을 사용하여 기존 친환경 농산물과 차별됨과 동시에 농산물브랜드에 관심가질 수 있도록 유도
- 영문 네이밍에 익숙한 젊은 소비자들을 겨냥하여 유머러스하고 감각적인 마케팅 전략 실행
- 인터넷 직거래에 적합한 20-30대 청년층과 30~40대 주부층을 공략하여 디자인 사과에 대한 호기심이 구매로 이어지도록 연계
- 스타워즈를 패러디한 'I am your farmer', 거리에서 우연히 파머스파티를 마주칠 수 있는 '게릴라 이벤트' 등 고비용 광고홍보 보다는 아이디어를 극대화하여 신선하고 재미있는 이미지로 각인

▶ 다수의 백화점, 갤러리 등에서 사과를 전시한다는 이색적인 홍보와 온라인으로 고객을 공략하는 '파머스파티'만의 열정적인 개척 정신

파머스 파티 수레를 통한 소비자와의 만남

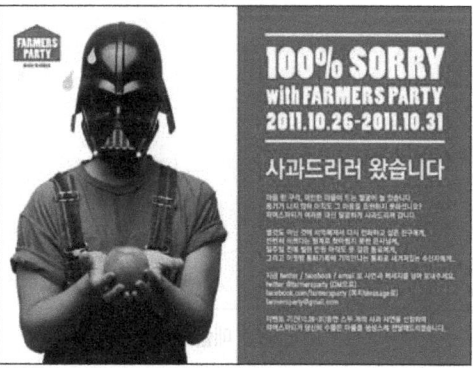

홍보 포스터

사업성과 파머스파티가 지향하는 가치와 시너지를 낼 수 있는 유통채널 확대

▶ 2010년 사업초기 3천만 원이었던 연매출액은 사업시작 3년이 되는 2013년 연 매출 6억 원 예상

▶ 형성된 브랜드에 대한 신뢰를 바탕으로 사과, 사과즙뿐만 아니라 다양한 농산물로 브랜드 확장 (도라지청, 꿀 등)

▶ '파머스파티' 브랜드를 직접 경험한 소비자가 SNS를 통해 자발적으로 후기를 작성하여 확산함으로써 SNS를 통한 구매 요청과 판매 극대화
- 신선한 스토리가 입혀진 브랜드에 대한 새로운 경험을 한 소비자들을 통해 자발적인 확산시스템 구축
- 모든 이벤트와 프로모션 활동을 SNS를 통해 홍보하고 확산

▶ 비용을 지불하고 홍보를 해야 했던 갤러리관, 백화점 등에서 초청이 들어와 입점, 대상 고객에게 적극적으로 어필할 수 있는 브랜드 구축 활동 전개 가능
- 47%의 고객이 재구매 고객으로 브랜드에 대한 높은 신뢰와 충성도를 보임
- 네임, 디자인, 캠페인 등 일련의 브랜드 구축 활동이 일관성 있는 전략으로 전개

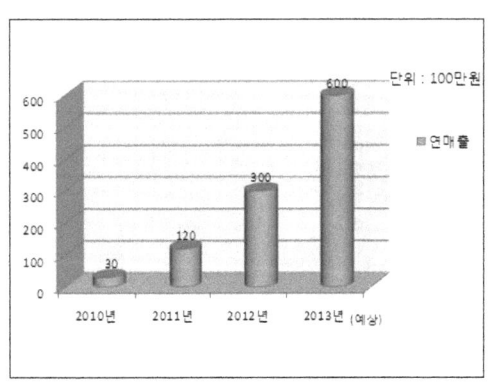

연도별 매출액

파머스 파티 제품

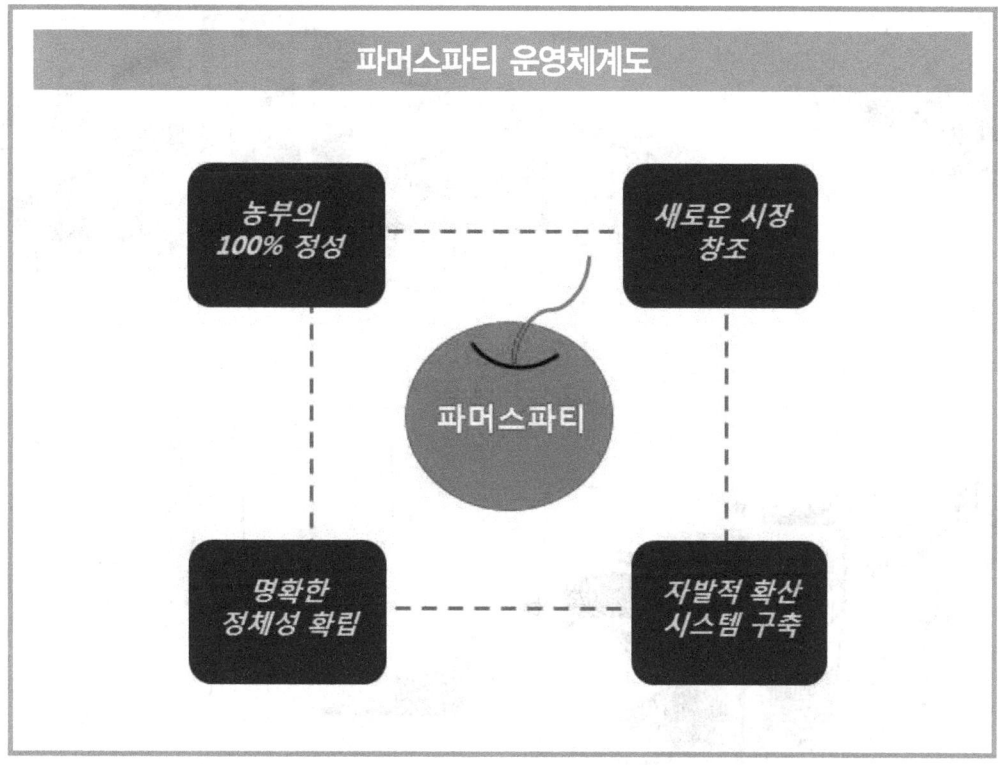

'파머스파티'의 나아갈 길

- 기존 시장의 제한된 농산물 소비자를 확보하기 위한 경쟁 지양
- 인터넷직거래를 선호하는 젊은 소비자들을 새로운 소비군으로 형성하기 위한 풍부한 활동방안 모색
- 온라인 외에도 명확한 유통판로 구축을 위한 시스템 마련

춤추는 꿀벌들이 노니는 칠갑산자락
49 칠갑산 무지개농원

'칠갑산 무지개농원'은 청양군 칠갑산자락 용두리에 위치하며, 일교차가 큰 칠갑산 자락에 있어 맑은 공기와 깨끗한 물 등 천혜의 자원조건으로 고품질 벌꿀을 생산하고 있다. 벌꿀과 친환경 농산물로 만들어낸 고추장, 된장 청국장환 등 다양한 가공품으로 지속적인 성장을 이루고 있다.

법인명 칠갑산 무지개농원 **위치** 충청남도 청양군 정산면 용두리297 **대표자** 김기수 **설립연도** 2003년
주요품목 벌꿀, 된장, 고추장, 청국장환 등 **연매출** 1억 원 **직원** 3명 **수상경력** 2003 세계농업양봉대상, 2006 제8회 충청남도관광기념품 공모전 입선, 2009 4H연합회 농림수산식품부 장관상 **인증내역** 2007 청양군 식품허가
홈페이지 www.besthoney.co.kr **전화번호** 041-943-5324

사업현황   귀농 14년차 벌처럼 날아서 연매출 1억을 쏘다

▶ **칠갑산 자락에서 펼쳐지는 벌들의 향연**
- 도시생활이 싫어 가족들의 반대를 무릅쓰고 고향으로 돌아와 표고버섯 농사를 지었으나 실패 후, 후배의 권유로 양봉 시작
- 꿀벌처럼 성실한 노력으로 양봉업을 하던 중 전염병으로 100여 통의 벌을 잃게 되면서 양봉사업의 새로운 전환점을 맞이함, 가공사업 등 문제해결을 위한 다방면의 노력 끝에 재기에 성공

▶ **4H청년활동, 벤처기업교육 등을 통해 배운 내용을 알기 쉽게 적용하여 체험객들로 하여금 신뢰도 제고**
- 지역사회발전과 농업인 개인의 발전을 동일시하고, 끊임없이 배우고 익히는 자세를 견지, 체험객들에게 성심성의껏 설명함으로서 체험객 만족도 증대

▶ **양봉 부산물을 활용한 된장, 고추장, 청국장환 등 다양한 가공식품 제조, 판매로 수익 달성**
- 무지개농원의 특산물과 청양의 특산물을 판매하는 전시판매장을 운영
- 아카시아 꿀, 밤 꿀, 잡화 꿀 등 각종 꿀류와 된장, 고추장, 청국장 환 등 친환경 농산물로 만들어낸 다양한 가공품 개발

옥수수 따기체험

토산품 전시판매

사업성과 │ 양봉 부산물로 만든 다양한 가공식품으로 소득 창출

▶ 2003년 세계농업양봉 대상 수상, 2006년 제 8회 충청남도관광기념품 공모전 입선, 2009년 4H연합회 농림축산식품부 장관상 수상 등 지속적인 발전을 거듭하며 농가 성장

▶ 벌꿀 200통, 100여 개의 장독을 관리하는 내조의 여왕
- 무지개 농원의 전제품과 청양의 특산물 판매장을 담당하는 딸과 사위는 무지개 농원과 지역 유통로를 잇는 6차 산업의 동력
- 1차 산업인 벌꿀생산으로 5천만 원을, 직접 기른 콩과 지역에서 재배된 콩을 활용한 된장, 고추장 등 다양한 가공품으로 부가소득 창출

▶ 청양농촌교육농장으로 지정, 서울 참다래 장독대 사업 견학 등 새로운 체험활동으로 우수농장으로 발전, 성공한 귀농인으로써 강연, 강의 초청이 줄을 잇는 상황
- 청양지역 초·중등학교 학생 대상 양봉 체험, 서울 참다래 장독대 사업단의 시범체험, 연암대학 귀농인들의 견학체험 등 다양한 체험과 이론교육 진행
- 각종 매체에서 성공한 귀농인으로 강연 중에 있으며 최근 7월 KBS '강연100℃'에 출연하여 성공적으로 귀농하는 법을 진솔하게 발표

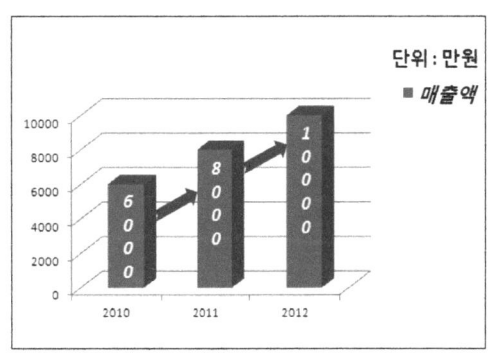

연도별 매출액

선진지 견학

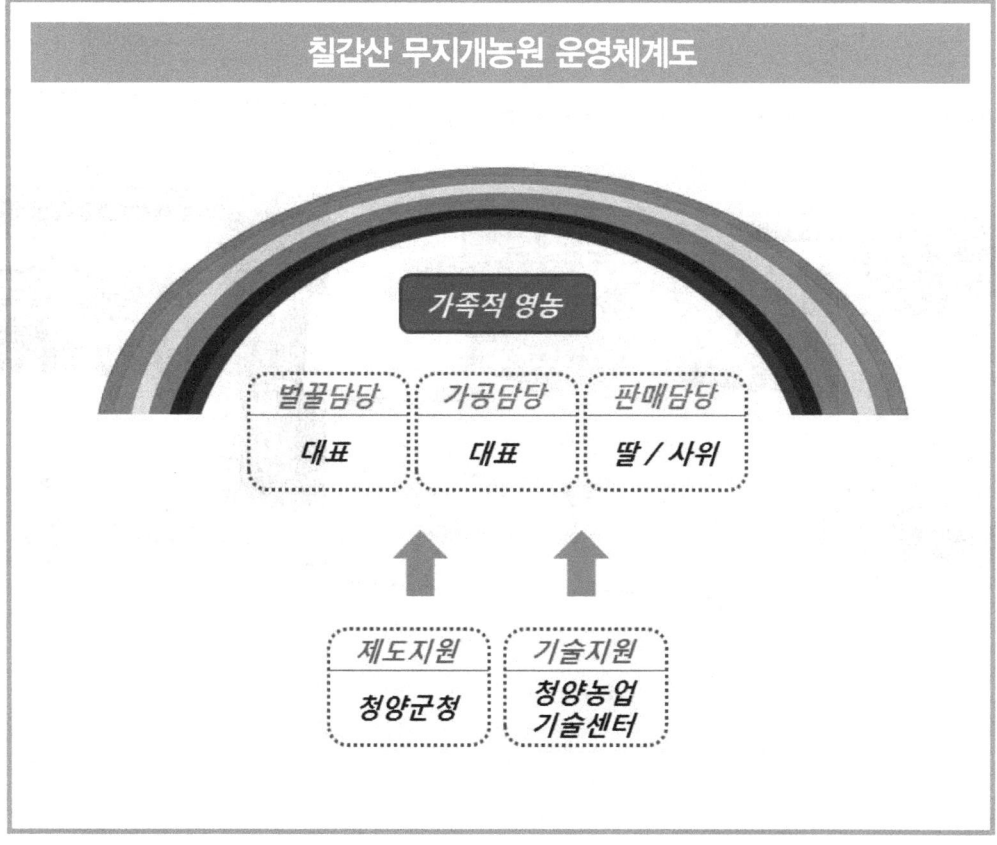

'칠갑산 무지개농원'의 나아갈 길

- 체험, 교육생들에게 제공 가능한 식당 및 주변 마을과 연계한 관광
- 다양한 가공품을 판매할 수 있는 홍보 등 마케팅 보강
- 지역 일자리 창출을 위한 사업영역 모색(용두마을과 연계)

전 방위적 6차 산업화를 전개하는
모루농장

대규모 녹차 생산 및 녹차 가공·체험과 더불어 마을의 유휴시설을 농산물 판매장, 문화·예술 공간으로 활용하여 생산품의 판로를 확보한 모루농장. 7년이라는 시간 동안 아름다운 제주의 자연을 담은 차를 만들어 체험객들의 마음을 사로잡고 있다.

법인명 모루농장 위치 제주시 서귀포시 표선읍 대표자 김맹찬, 박현정 설립연도 2011 주요품목 녹차
연매출 4억 원 농가수 1개 홈페이지 www.morufarm.com 전화번호 064-787-8765

사업현황 — 녹차 생산·가공·체험·유통의 집합체, 모루농장

▶ **녹차생산(1차) + 발효음료 가공(2차) + 체험·교육농장(3차) + 녹차카페(동네가게)를 통한 유통(3차), 전 방위적 6차 산업화 전개**
- 1차 농산물과 이를 활용할 방법으로 농업 스토리텔링(휴식+재충전의 공간)이 더해진 새로운 사업 도입
- 도농교류를 통해 도시민에게 휴식공간을 제공하고, 지역농업인에게 유통판로 제공

▶ **교육농장 체험을 통해 새로운 수익 창출과 농장 생산품에 대한 신뢰 제고**
- 녹차 따기 체험, 녹차 음식 만들기 체험 등 교육농장 체험 제공
- 체험 이후 농장 생산품에 대한 직거래 가능성 제고

▶ **녹차카페(동네가게)는 가공식품의 판매처 역할 뿐만 아니라 모루농장의 홍보처 역할로 활용**
- 농촌과 도시의 상생을 통해 농촌경제 발전과 도시민들의 휴식처로서 쉼을 얻을 수 있는 공간을 찾던 중 지역에서 생산한 녹차를 판매하는 카페 '동네가게'를 도입
- 제주 기념품을 자체개발하여 농산물과 함께 관광객들에게 판매
- 지역 특산품의 판매점과 홍보, 휴식공간을 복합적으로 제공하는 공간

▶ **전문성을 고려한 6차 산업화 추진**
- 현실적으로 한 농장에서 1차, 2차, 3차 산업을 아우르기란 매우 어려움
- 문제 해결을 위해 생산(김맹찬 대표) 분야, 판매 및 마케팅(박현정 대표) 분야로 업무를 분담한 2인 공동대표 체제로 운영

동네가게

모루 TEA-Party

사업성과 생산자와 소비자가 상생하는 체계 구축

▶ 농산물 판매와 향토 예술품 판매를 통한 지역경제 활성화

- 지역농산물과 연계된 휴식 공간 및 직판장 운영으로 지역농산물 판로 확보
- 제주지역의 경우 생산된 농산물은 외부 판매가 어려운 관계로 '동네가게'를 통한 농산물 판매로 지역경제 활성화에 기여
- 유기농 카페에서 사용하는 재료들은 지역주민들이 직접 생산한 농산물 이용

▶ 농촌주민과 도시민의 소통을 통해 소비자와 생산자가 상생하는 체계 구축

- 녹차카페(동네가게)는 농산물 판매는 물론 지역을 방문하는 관광객들에게 마을 홍보의 공간으로 활용하고자, 농업과 예술이 어우러진 공간 인테리어를 선보임
- 지역 특산품이나 기념품을 전시, 판매하고 평소 문화·예술을 접하기 어려운 농촌마을 주민들에게 문화체험의 기회를 제공하는 공간으로도 활용

시사점

- 농촌주민 + 도시민 —공간제공→ 6차 산업 발전 모색
- 지역농산물 + 향토 예술품 —판매→ 지역경제 활성화
- 관광객에게 지역홍보공간 활용

녹차잎 따기 체험

모루농장 박람회 전시

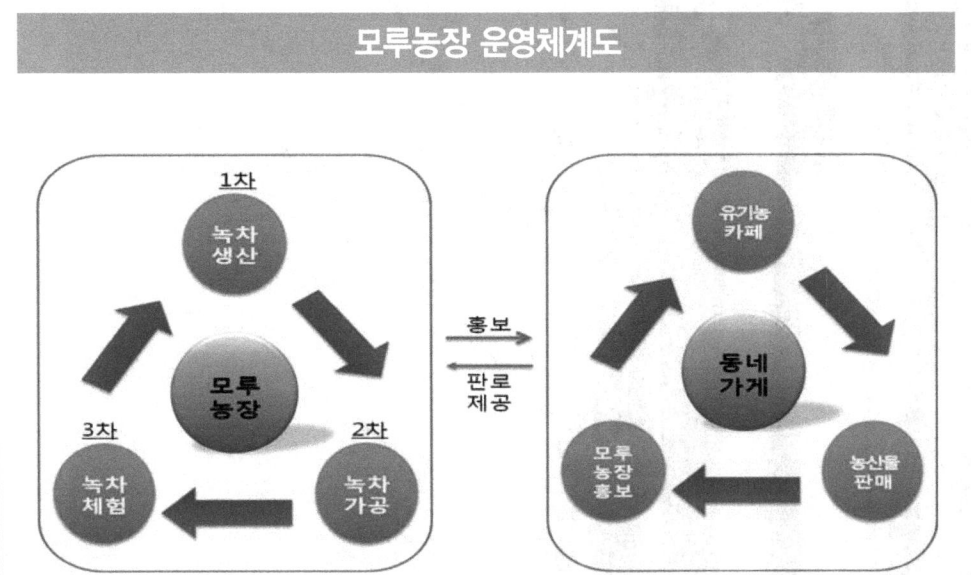

'모루농장'의 나아갈 길

- 학교 단체 방문 교육체험뿐만 아니라 취학 자녀를 둔 가정의 자발적인 방문을 유인할 수 있는 체험을 제공하는 등 '모루농장'만의 차별화 전략 필요
- 지역 내의 농산물, 가공상품을 활용하여 소비자를 직접 찾아가는 판매방식 개발 필요
- 지역의 커뮤니티 활성화를 위한 지역주민의 참여 공간 증설 등 주민복지 향상을 위한 대안 강구

part 06

치유농업중심형 우수 사례
Rural Development Administration

맛과 여유, 정감이 넘치는 힐링캠프
양양 달래촌마을

양양군 현남면 하원천리 '달래촌'은 농가 맛집과 함께 힐링캠프 개관을 통하여 명실상부한 힐링마을로 부상했다. 향토음식 자원화 사업으로 약산채밥상 등 10여 종의 메뉴를 개발해 연간 5천여 명이 이용하는 지역 명소로 떠오르고 있다.

마을명 양양 달래촌마을 **위치** 강원도 양양군 하월천리 249-1 **대표자** 김주성 **설립연도** 2009년 **주요품목** 송이, 장뇌, 들깨, 콩, 옥수수 등 **연매출** 3억2천만 원 **농가수** 70세대, 121명 **지원사업** 2010년 강원도 새농어촌건설운동 우수마을, 2011년 농진청 농가 맛집, 2012년 녹색농촌 체험마을 **기타내역** 채널A 이영돈피디의 먹거리 X파일 '착한식당' 선정 **홈페이지** http://cafe.daum.net/woorimaeul2202 **전화번호** 033-673-2201

사업현황   열악한 사업환경을 기회로! 달래촌 지역공동체로 위기 극복

▶ **두 번의 자연재해, 지리적 한계 등을 타개할 방안으로 '치유농업' 선택**
- 달래촌은 총면적 1,528ha 중 1,452ha가 산림인 지리적 특성상 경작지가 작음
- 두 번의 태풍피해로 마을 여건이 좋지 않은 상황에서 마을주민들은 적극적인 재건 의지를 보임. 마을 재건의 대안으로 주민들이 '치유농업'을 생각
- '치유의 길'을 테마로 11코스 32km 달래길 조성, 마을화단조성, 마을공동 자연산 산채뷔페 식당 달래촌 식당 개점, 몸마음치유센터 등을 마을주민 주도로 건립

▶ **마을주민들의 자발적 참여를 중심으로 양질의 마을사업 전개**
- 마을 주민(귀농인, 토착민 혼재) 간의 유대관계를 바탕으로 트레킹 코스 조성, 산채식당 개점, 힐링센터 건설 등 마을의 환경과 자원을 활용한 사업 전개
- 비빔밥축제, 작은 음악회, 서각전시회 개최, 마을회가 중심이 된 축제 프로그램으로 마을 이미지 제고 및 축제 만족도 크게 향상

▶ **영농조합법인, 청년회, 부녀회, 노인회, 원로회, 작목반 등 13개 하부조직으로 구성된 '달래촌 지역공동체'가 달래촌의 성공 요인**
- 마을 사업의 총괄은 영농조합법인 '달래촌'에서 진행하며, 청년회는 행사준비, 부녀회는 숙박·음식·농산물판매, 노인회는 성황제 주관 등으로 철저한 역할분담 시행
- 마을사업을 효율적으로 추진하기 위해 마을주민 스스로 약 3천7백만 원의 출자금을 모아 마을기업 '달래촌'을 설립하고 다양한 교육을 실시

▶ **도시민들과 소통할 수 있는 인터넷, SNS를 활용한 적극적인 마을 홍보, 지역 방송 및 농업관련 언론사를 통한 지속적인 마을 알리기**
- 도시에서 귀촌한 마을위원장의 교육을 통해 다양한 SNS 매체를 활용한 홍보를 실시하고 체계적인 홈페이지 관리로 소비자의 접근성 향상

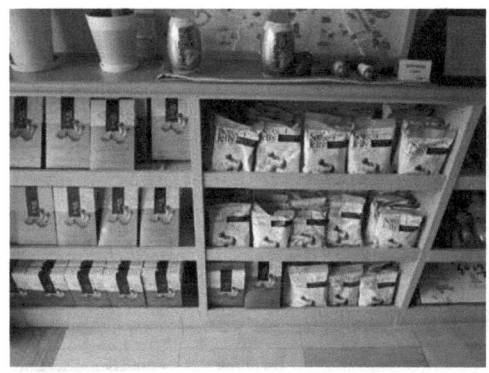
가공상품판매

치유 가든프라자 상세계획도

| 사업성과 | 소득 향상 → 주민만족도 증가 → 우수 치유마을로 재탄생 |

▶ 마을경관사업을 통해 주민들의 만족도 증가, 다양한 지원 사업 선정을 통해 치유농업중심형 우수 마을로 재탄생
- 2010년 강원도 새농어촌건설운동 시작 8개월 만에 우수마을로 선정, 2011년 농진청 농가맛집, 네이쳐오피스 시범사업 선정, 2012년 녹색농촌 체험마을 선정

▶ 마을 부존자원인 1,452ha의 숲을 활용한 삼림욕 치유 프로그램 및 생태코스 조성으로 재방문율 제고, 도시민들이 재충전할 수 있는 '힐링캠프' 테마 선정
- 달래촌 식당에서 사계절 청정나물을 메뉴로 하여 치유음식을 제공하고 몸마음치유센터 내 황토방 및 한의원을 통해 자연치유 한방마을을 추구

▶ 달래촌 식당만 연 5천 명 방문, 1천만 원으로 시작해 4년 만에 연매출 3억 달성
- 주민들의 자발적, 적극적 참여로 '우수마을'이라는 쾌거를 이룸, 10억 원 이상의 지원을 받게 됨으로써 마을의 다양한 수익사업을 시작할 수 있는 기반 형성

▶ 지역의 부존자원을 활용한 치유농업이라는 전략적 포지셔닝을 통해 소비자의 만족도를 극대화
- 치유농업에 대한 도시민의 수요증가라는 사회적 현상을 인지하여 대응
- 1~2가지 프로그램이 아닌 마을 전체를 활용한 다양한 치유농업 활동을 실시

▶ 마을주민의 자발적 참여와 지역민을 이해하고 이끌 수 있는 주도적인 리더십이 마을 성장의 원동력
- 디자인을 전공한 귀농인 마을이장을 중심으로 마을의 젊은 농민들이 주도적으로 마을을 바꾸기 시작하여 마을 어른들의 신뢰감 형성

착한식당 수상

네이처오피스

'양양 달래촌마을'의 나아갈 길

- 달래촌 마을은 마을 구성원들의 직접 참여로 이루어진 농업인 주도의 성공모델로, 지속적인 마을 발전을 위해서는 보다 전문적이고 내실 있는 프로그램 개발과 부족한 인적자원 지원 등 전문기관의 멘토링이 필요
- 달래촌은 힐링캠프 사업 부지를 확보하여 지속적으로 힐링시설과 프로그램을 개발하고 이를 통해 유능한 인재를 유치하고자 함
- 장기체류형 힐링캠프, 문화예술마을 조성, 치유 음식과 농가 맛집 운영으로 안정적인 소득창출과 증대를 위한 계획 설립 중

우리나라 최초로 조성된 자연치유마을
하동 하늘땅번지마을

아직은 우리에게 생소한 치유농업을 표방하고 있는 하늘땅번지마을은 천혜의 자연경관, 황토방, 치유길 등을 활용하여 체험 프로그램을 운영하고 있다. 체험객들에게 부엉이건강밥상이라는 이름으로 산채약선음식을 제공하여 소비자의 만족도를 높이고 있는 6차 산업 우수 마을이다.

마을명 하동 하늘땅번지마을 위치 경상남도 하동군 악양면 신흥길 159-4 대표자 이상원 설립연도 2011년
주요품목 녹차, 산나물,고사리 등 연매출 1억 원 농가수 16명 수상경력 자연치유 1호마을
인증내역 친환경농산물인증(녹차) 홈페이지 cafe.daum.net/sky-land2012 전화번호 055-883-4882

사업현황 | 뛰어난 자연환경을 바탕으로한 치유·체험마을

▶ **하늘땅번지마을은 지리산 서남쪽 해발900m의 칠성봉 중턱에 위치해 주변의 자연경관이 뛰어나고 물·공기가 오염되지 않아 깨끗한 자연을 보유**
- 최적의 자연조건을 바탕으로 치유·휴양의 적지라는 평가를 받고 있으며, 효소온욕 같은 자연치유 체험활동을 할 수 있는 힐링하우스가 자랑
- 민가 15개를 리모델링하여 방문객이 묵고갈 수 있는 숙박시설을 마련하였으며, 이중 6동의 황토방을 통한 치유 프로그램 운영
- 계절에 따라 변하는 산책로와 자연속 명상길도 이곳의 대표적인 힐링·치유시설

▶ **귀농자와 토착민이 기존 농촌의 악성노동에 대한 해결방안을 모색하던 중 치유마을을 설립하여 방문객 유치**
- 어렵게 지은 농산물을 판로확보 부족으로 헐값에 판매할 수밖에 없는 현실을 타개하고자 치유 및 체험관련 사업 실시
- 마을 경관을 꾸미기 위해서 '아트팩토링 in 다대포'라는 예술단체의 재능기부를 받아 하늘땅번지마을만의 조형물 설치

▶ **지역에서 나는 녹차, 고사리 등을 가공하며 판매하고, 부엉이건강밥상을 통해 마을 수익의 다변화를 꾀함**
- 친환경인증을 받은 녹차를 생산하여 다양한 제품을 상품화하고 전통방식의 고사리 가공으로 기존의 판매가격보다 높은 부가가치를 창출
- 방문객들을 대상으로 산채류로 구성된 부엉이건강밥상을 판매, 치유 및 힐링을 목적으로 온 소비자의 니즈 충족
- 가공상품을 통한 매출증대를 목표로 매실장아찌, 매실효소, 매실식초, 매실과편 등 매실을 활용한 다양한 가공상품 판매

마을경관

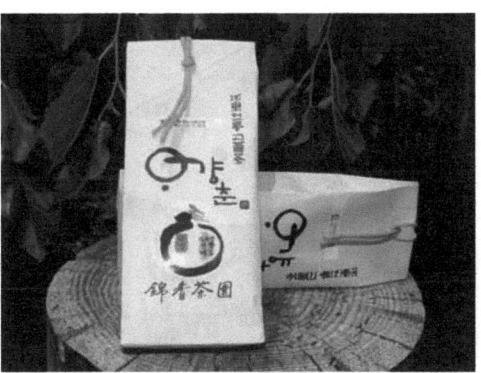

친환경 녹차

사업성과 | 국제 슬로시티 지정으로 치유농업의 성장발판 마련

▶ 치유농업이 자리 잡지 못한 국내 시장에 '자연치유 1호 마을'로 알려지면서 체험객 및 내방객 꾸준히 증가

- 건강 증진 관련업체와 자연치유·체험 제1호 마을 지정·육성 협약을 체결하여 도시민들의 방문이 이어지고 있는 상황
- 매주 40명, 연 2천 명 정도의 방문객을 유지 중이며, 치유농업 특성상 단발성 방문이 아닌 숙박을 기본으로 한 방문으로 수익창출에 기여
- 회사원, 학생, 동호회 등 방문객의 구성이 다양하며 마을경관과 시설을 통해 높은 재방문율을 유지

▶ 자연치유기능을 목적으로 다양한 체험 프로그램을 운영하고 재능기부를 통해 마을의 경관이 개선되는 효과 획득

- 자연치유는 식이·색채치유, 명상, 효소온욕요법 등을 이용하고 주민들의 가옥 15개를 개조하여 황토방(6개소) 등 치유시설 확보
- 미술전공자들의 재능기부를 통해 마을 내 산책로를 마련하고 이장길, 깔끄막길, 마삭길 등으로 명명

▶ 민간업체, 하동군농업기술센터의 지원을 받아 시설확충, 가공식품 개발 및 판매 증진에 기여

- 하동군은 냉동·냉장(저온저장) 시설과 화장실 및 샤워실을 갖춘 전통민가 3개소를 리모델링하여 편의시설을 확충하는 등 체험객의 편의를 위해 노력
- 전통방식으로 만든 고사리, 매실 등의 가공상품과 녹차 관련상품을 통해 기존 1차 생산물로 납품 판매할때 보다 2배 이상의 수익창출 효과를 얻음

하늘땅번지마을 시설

재능기부 시설물

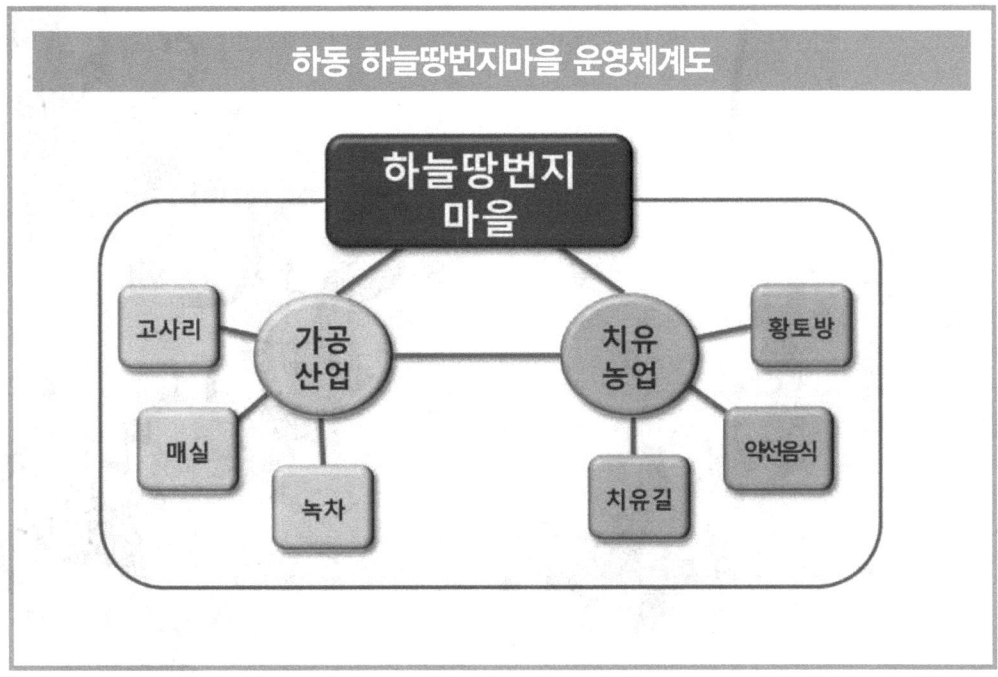

'하동 하늘땅번지마을'의 나아갈 길

- 지속적인 방문객 증가보다는 치유농업의 특징을 살려, 자연환경이 훼손되지 않는 선에서 체험객을 유치할 예정
- 방문객의 호응이 높은 황토방과 마을 주위의 길을 좀 더 확충하거나 늘려서 치유농업 활성화를 위한 기반 조성
- 우리나라에는 아직 활성화되지 않은 치유농업을 알리기 위해 보다 다양한 홍보 전략을 활용할 계획

53 나를 찾아 떠나는
음성 황토명상마을

명상동호회로 시작한 회원들이 2007년 현재의 음성읍 동음리에 터를 잡고 마을을 만들기 시작하였다. 황토명상마을은 자연친화적인 삶을 영유하면서 건강한 몸과 마을을 가꾸어 나가며, 명상 등 치유 프로그램을 개발하고 운영하여 자신들의 건강한 삶을 전파하고자 노력하고 있는 치유 중심형 6차 산업화 마을이다.

마을명 음성 황토명상마을 위치 충청북도 음성군 음성읍 동음리 111 대표자 이시화 설립연도 2012년 4월
주요품목 산야초 및 연, 쑥 효소액, 명상치유 연매출 6천5백만 원 농가수 10가구 수상경력 2012 충청북도
생태문화건강체험마을 지정 홈페이지 http://www.gudo.net 전화번호 043-873-5479

사업현황 : 황토가옥과 수려한 명상 숲에서의 치유가 중심

▶ **귀농·귀촌인으로 구성된 황토마을에 분 명상 치유의 바람**
- 2001년 '나를 찾는 사람들' 명상 동호회 발족을 시작으로, 2007년 핵심 멤버들이 터를 잡고 동음리에 투자하며 황토마을에 정착하기 시작
- 전체가구의 60%는 상주, 40%는 주말가구로 구성

▶ **농산물 자급자족 원칙 아래 부족한 식재료는 주변에서 생산되는 농산물로 채우는 그야말로 지역과 마을을 살찌우는 명상 마을**
- 마을에서 생산하는 농산물을 중심으로 하되, 부족한 부분은 주변 마을 및 음성군 지역 내 식재료를 활용하고 명상체험고객들과 주민들이 함께 소비하는 공동체
- 마을 판매대에서는 지역 주민의 농산물을 판매(명상치유 고객 대상)하며 축제 기간에는 주변 지역민과 함께 어우러져 사람과 함께하는 마을로 운영

▶ **청정자연환경 숲속 명상 치유 프로그램을 운영하여 고객 스스로 자연 속에서 치유의 효능을 느낄 수 있도록 환경 제공**
- 프로그램 자체개발로 수행, 명상, 체험, 치유를 위한 특색 있는 공동체
- 흙집 체험 1박2일 및 3박4일, 장기수련 7박8일 등 기간의 다양화로 소비자 니즈 충족

▶ **참여농가 모임에서 영농조합법인으로 업그레이드**
- 자발적 토론과 협의를 통해 영농조합법인을 설립, 공동체 운명의 좋은 사례로 발전
- 마을 공동자원을 소중히(마을 전체가 황토마을) 보전하면서 보다 발전된 명상 체험 마을로 거듭나기 위해 공동체의 목적에 맞는 투자를 계획하고 실천

마을전경

명상체험 프로그램

사업성과 | 생태, 건강, 명상을 테마로 힐링, 체험, 치유 명소로 발전

▶ 충청북도 생태문화 건강 체험마을로 선정되면서 미래형 6차 산업 모델 제시
- 원룸 숙소, 게스트하우스 카페, 산야초 재배지 등의 시설을 갖추고 생태와 명상을 근간으로 하는 미래형 어메니티 공동체 지향
- 소속회원 저마다의 소통과 역할을 중시하는 공동체로 발전

▶ 양질의 명상 프로그램, 산나물 야채를 이용한 식사 등 자연치유의 보고
- 가족, 단체, 개인 체험객이 필요에 따라 이용할 수 있는 다양한 프로그램과 산채, 산나물, 연잎, 연근 등 지역의 농산물을 이용한 식사는 건강식 바로 그 자체

▶ 주변 저수지를 활용하여 연꽃단지를 조성하고 맑은 산을 활용하여 산야초를 재배하는 사람이 만든 자연마을
- 특용작물 연으로 만든 각종 자연식품(연잎차 등)을 가공식품으로 만들고 1백여 가지 약재효소(쑥, 질경이, 엉겅퀴 등 1백여 가지 약재로 만든 효소)로 음식 제조·판매
- 동음리 고추는 고추의 고장 충청북도 음성의 오지마을에서 재배한 최고의 농산물로 명성을 잇고 있으며, 산죽차는 약리작용을 하며 생강나무, 산죽 등의 약초로 만듦

▶ 각종 기관 및 기업체의 치유 프로그램, 숙박 연계하여 치유 명상마을의 주 소득원으로 활용
- 농산물품질연수원, 지자체, 안성농협, 중소기업체 등의 주기적 내왕, 체험객과 도시민의 온전한 쉼터로 각광
- 가족 및 개인 단위로 명상체험, 힐링명소로 거듭나 2012년 약2천5백 명 방문

연꽃단지 '연리지'

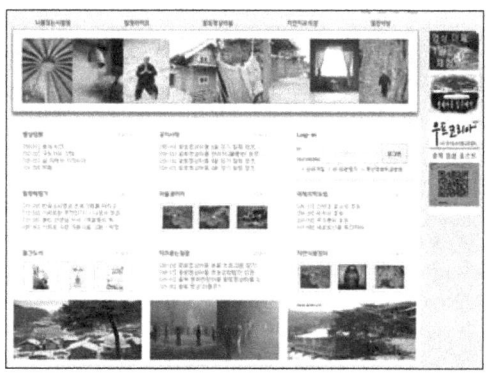

'음성 황토명상마을' 홈페이지

음성 황토명상마을 운영체계도

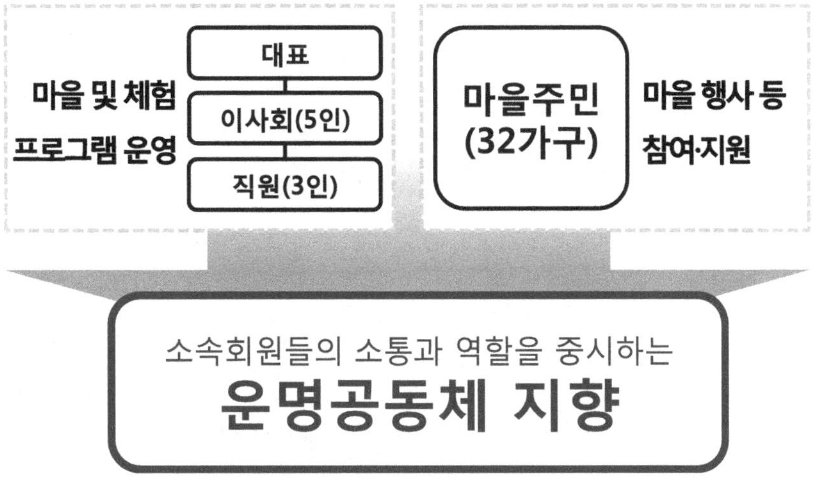

마을 및 체험 프로그램 운영
- 대표
- 이사회(5인)
- 직원(3인)

마을주민 (32가구) — 마을 행사 등 참여·지원

소속회원들의 소통과 역할을 중시하는
운명공동체 지향

'음성 황토명상마을'의 나아갈 길

- 먹거리, 볼거리, 명상치유의 새로운 프로그램 개발로 사업확충
- 산야초, 연 등의 가공처리시설 확보를 통한 직거래 확대
- 장기계획으로 마을회관, 명상학교 등 다양한 시설 확보

산야초, 힐링의 향기에 취하다
제천 산야초마을

앞산을 넘으면 그림같이 펼쳐진 청풍호를 마주하고, 경치 좋은 금수산에 둘러싸인 아름다운 '산야초마을'. 사업기획·마케팅 전문회사와 연계하여 지역의 자연환경과 지역특산물을 활용한 체험, 교육 프로그램을 운영 중이다. 산야초마을 주민이 생산한 농산물과 가공품판매를 통해, 고용창출과 소득창출을 실현하여 지역 발전에 기여하고 있다.

마을명 제천 산야초마을 위치 충청북도 제천시 수산면 옥순봉로 815 대표자 김남수 설립연도 2006년
주요품목 약초, 나물류, 장류 연매출 7억 원 농가수 7농가 수상경력 2007 농촌사랑범국민운동본부 1사1촌상, 2008 협동조직대상, 2010 자매결연선도마을 지정 인증내역 친환경농산물 인증(무농약)
홈페이지 http://sanyacho.go2vil.org 전화번호 043-651-1357

사업현황   지역의 자연환경과 특산물을 활용한 웰빙 관광에 초점

▶ 2001년부터 농촌자원으로 관광 및 체험사업을 시작한 것이 계기가 되어 2003년 마을주민이 참여하는 사업으로 확대되었고, 2003년 농촌진흥청 농촌테마마을사업 지원을 계기로 2004년 법인화(산야초마을영농조합법인) 전환
- 2013년에는 사회적 기업 '자연초나라'를 설립하여 소포장 등 최종 상품화를 담당
- '산야초영농조합법인'은 7농가, 12명이 참여하여 농산물 생산, 가공, 레스토랑, 숙박 업무를 분할하여 담당
- 영농조합법인은 위원장1명, 출자임원 11명으로 구성되어 있으며 전원이 비상근

▶ '약초생활건강'은 영농조합의 업무를 대행하면서, 마을의 체험관광을 기획하고 국내외 마케팅을 담당하여 수행
- 참여농가는 생산·가공에 집중하고, 판매는 '약초생활건강'이 도맡아 고소득 실현
- 체험관광 고객모집과 기획은 '약초생활건강'이 담당하고, 마을주민은 체험 프로그램을 진행하는 등 명확한 역할분담

▶ 기획·마케팅을 담당하는 '약초생활건강'은 '산야초영농조합법인'과 역할 분담 이외에 독자적인 사업도 수행하여 매출액을 확보
- '산야초마을'에서 생산된 농산물 및 가공품을 위탁판매하고, 필요에 따라 타 지역농산물을 원료 농산물도 취급
- 농산물과 가공품의 판매활동에 필요한 소포장 등 최종 상품화는 사회적 기업인 '자연초나라'가 담당
- 현재 매출액 가운데 가공품이 차지하는 비율은 약 70%로 높은 비중 차지

산야초마을 마을상품

음식만들기 체험

사업성과 사업의 다각화를 통한 방문객 확보로 고용창출, 매출액 확대

▶ 방문객 수는 2003년 350명에서 2012년 약 2만 명으로 증가
- 예약방문객은 2만여 명이지만, 단순 방문객까지 합치면 연간 방문객 수는 약 4만 명
- 각종 매스컴을 통한 홍보활동으로 2009년에는 살고 싶고 가보고 싶은 농촌마을에 선정
- 2010년에는 1사 1촌 자매결연 선도마을로 지정

▶ 마을주민의 새로운 일감창출과 신규 고용창출
- 마을에서 정규직 8명과 연간 약 1백 명의 비정규직 일자리창출

▶ 방문객에게 제공하는 음식준비를 위해 참여하는 마을주민에 월 50~100만 원의 인건비를 지급

▶ 2003년 무일푼으로 시작한 마을 공동자산은 2012년 12억 원으로 증가
- 매출액은 '산야초영농조합법인' 1억 원, '약초생활건강' 6억 원
- 생산·가공(산야초마을) → 포장·상품화(자연초나라) → 기획·판매(약초생활건강) 등 역할분담으로 사업 효율성 제고

▶ 6차 산업화를 통한 수익창출로 마을주민의 외국 선진지 견학 등을 실현, 이를 통해 마을 주민의 참여의식 제고와 삶의 질 향상에 기여
- 초기 사업 참여를 망설였던 마을주민들이 전국적으로 참여하기 시작하면서 소득창출이라는 산업적 측면 이외에도 지역커뮤니티활성화라는 효과 실현
- '산야초마을영농조합법인' 중심의 사업기획과 이를 실무적으로 뒷받침하는 '약초생활건강'의 명확한 역할분담으로 마을 주민에 의한, 주민을 위한 사업 실현

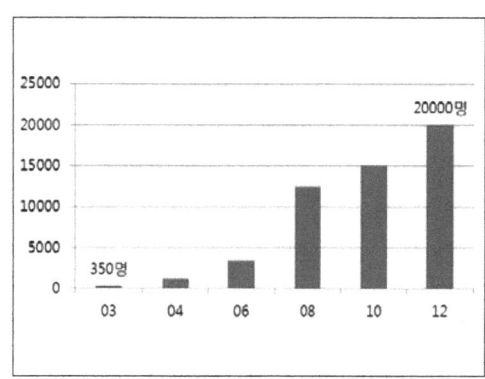

산야초마을 연도별 방문객수

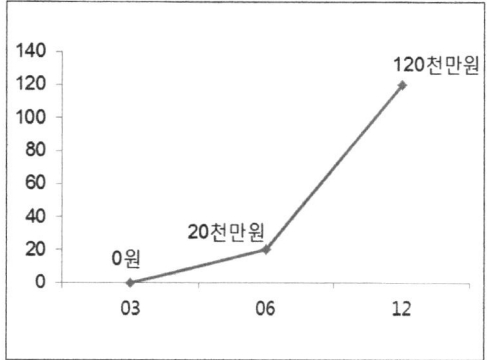

산야초마을 자산증가추세

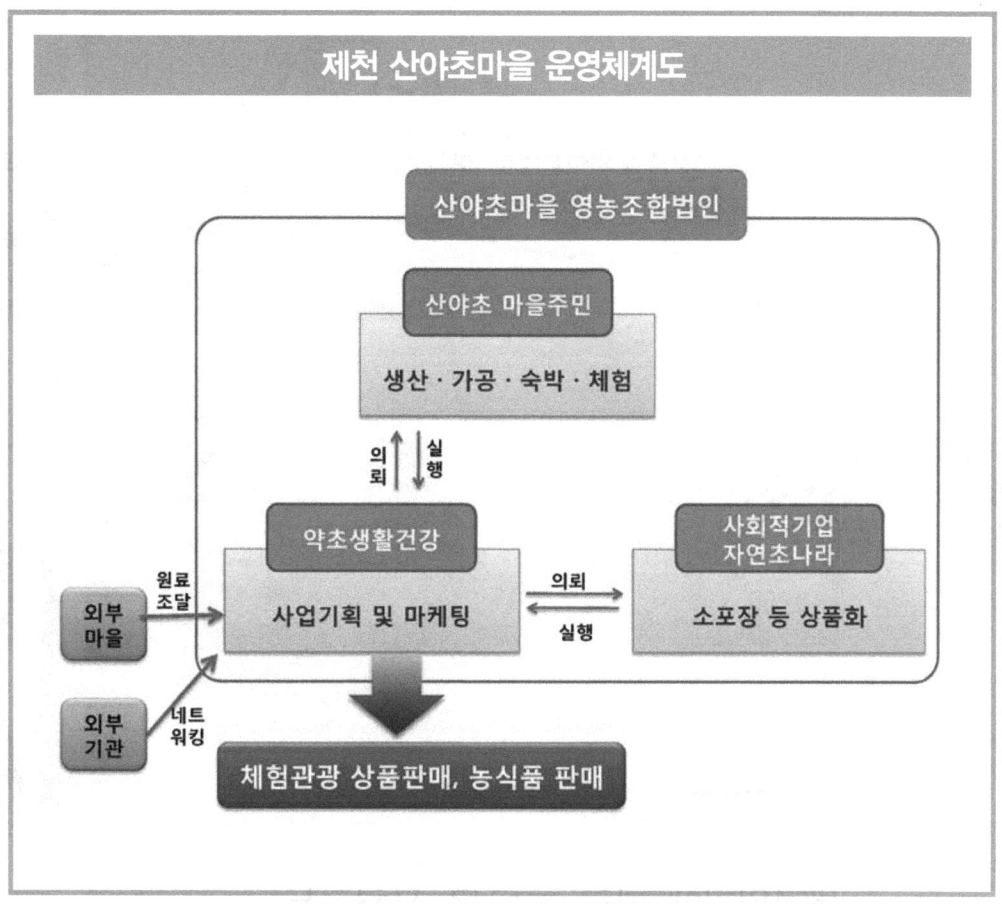

'제천 산야초마을'의 나아갈 길

- 마을주민의 고령화에 대응한 새로운 사업방식 모색
- 농업생산기반 확충으로 원료 농산물 안정적 확보
- 지속적인 기술개발과 매스컴의 적극적인 활용으로 마을 인지도 제고
- 6차 산업화를 통한 회원농가의 월 소득 150만 원 추가 실현

55 생명원리에 따른 교육을 실천하는
뜨락원예치유센터

경상북도 경산시 진량읍 선화리에 위치한 뜨락원예치유센터는 계절별, 테마별, 단계별 원예활동 및 치유프로그램을 통해 살아있는 자연의 치유능력을 몸소 실천하여 아름다운 공동체를 만들어가는 예비 사회적 기업이다.

법인명 뜨락원예치유센터 **위치** 경상북도 경산시 진량읍 선화리 1986 **대표자** 신은숙 **설립연도** 2011년
주요품목 감자, 고구마, 박, 허브재배 및 수확후 체험, 꽃 등 다양한 식물을 이용한 치유프로그램
연매출 5천만 원(2011.7~12) **직원수** 정규직 5명, 비정규직 1명 **수상경력** 2009 경상북도 청년CEO선정, 2011 경상북도 예비사회적기업선정 **홈페이지** www.yipari.co.kr **전화번호** 053-851-8558

사업현황 계절별, 단계별 치유 프로그램 운영

▶ **계절별, 테마별 원예활동 프로그램을 마련하여 우리 농산물을 알고 배우며 심리적 안정 추구**
- 감자, 고구마, 땅콩, 고추, 토마토, 다양한 쌈채소, 김장채소 재배 및 수확활동, 박 공예체험 등 체험 프로그램 운영
- 새싹에서부터 열매를 맺는 기간까지 식물의 성장을 바라보는 것은 즐거운 일로 오감(五感)을 이용해 정서적 만족감을 형성
- 허브재배 및 수확 후 연계활동, 토피어리 만들기, 식물을 이용한 천연염색 과정 등을 통해 어린이들에게는 호기심을, 성인에게는 생활의 지혜를 알려주는 프로그램으로 운영

▶ **연령별, 정신적 발달단계별 알맞은 수준의 치유 프로그램 진행**
- 씨앗과정(4~7세 이하), 새싹과정(7세~초등부), 열매과정(초등부~청소년), 이파리과정(장애아동 및 청소년) 등으로 프로그램 다양화

조손가정 프로그램

다문화벗들 모임 원예활동

사업성과 — 교육청 연계 'WE CLASS CARE' 심리센터 그룹치료

▶ 경산시 교육청, 주변 어린이집과 연계하여 다양한 체험 프로그램 운영
- 청소년을 대상으로 하는 심리 치료 프로그램, 주부를 대상으로 하는 허브 티백 만들기, 비누 만들기 등 우울증 방지 및 소질개발 프로그램 운영
- 장애인을 대상으로 하는 체험 프로그램과 교도소 원예 치유 프로그램 참여를 통해 우리 사회에 소외된 이웃을 돌볼 수 있는 기회 마련

▶ 다양한 원예 프로그램과 네트워크 구축을 통해 지역사회와 꾸준히 소통하며 봉사와 치유에 전념
- 김천교도소 원예치유 프로그램, 지역 장애인시설 및 천사의 집 봉사활동, 대구한의대 가족기업, 수송중학교 및 지역아동센터와 MOU체결 등으로 봉사를 실천하는 사회적 기업 실천

재활프로그램
- 인지장애
- 치매/뇌졸중
- 신체장애

상담프로그램
- 정신장애
- 알콜/마약 중독
- ADHD
- 청소년

예방프로그램
- 저소득층 자녀
- 생활보호
- 조손가정
- 다문화가정

교육프로그램
- 사회교육
- 아동교육

어린이 체험교실

원예 치료 프로그램

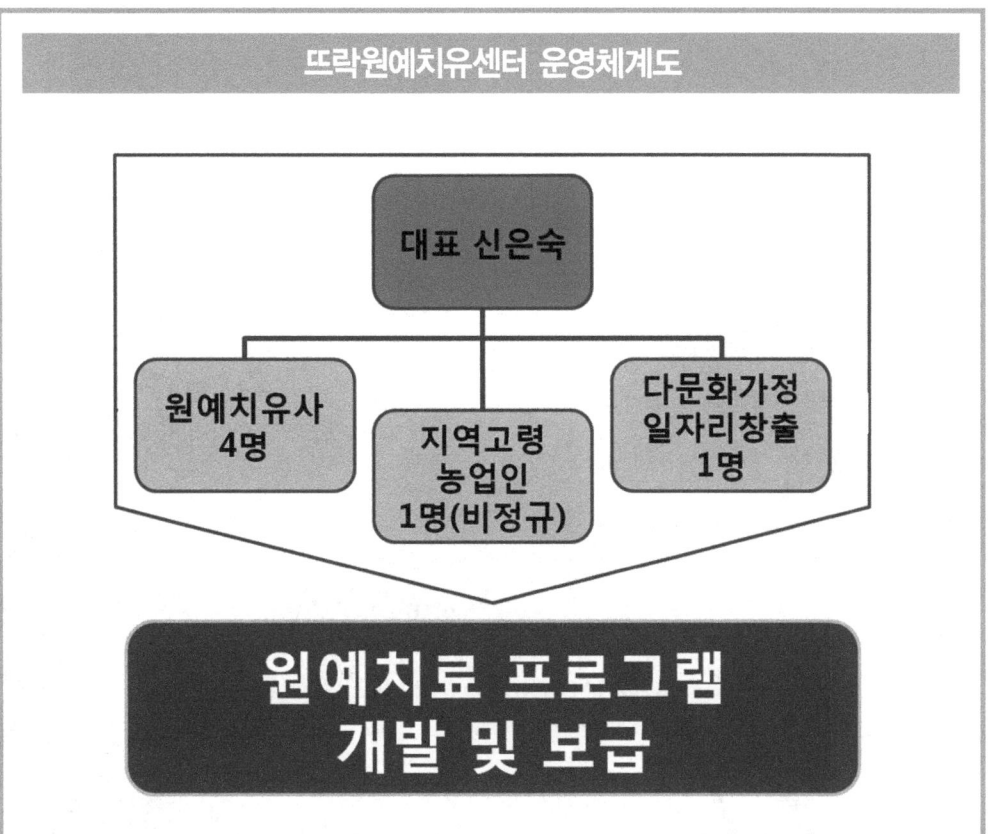

'뜨락원예치유센터'의 나아갈 길

- 현재 농장 프로그램은 1일 체험위주로 구성되어 있으나, 1박 이상 농장 자체 프로그램으로 확대할 계획
- 홈쇼핑을 통한 가공품 판매(식품위생법 및 가공시설 지원요청) 희망
- 새로운 마케팅, 홍보를 위해 홈페이지 신설, 활동재료키트 보급 등을 활성화

장애인의 소득을 보장하는 치유농업
즐거운농장

'즐거운농장'은 대표가 '즐거운 우리집 단기보호소(장애인 1년이내 거주가능)'를 5년간 운영하면서 쌓은 노하우를 바탕으로, 장애인의 2차적 증상완화 및 농업치유를 통한 소득보전의 전략을 가지고, 7월 현재 발달장애인 가족복지회로 거듭나고 있다. '즐거운농장'은 2013년 7월 11일 발기인 이사회 설립하여 새로운 도약을 준비 중이다.

법인명 즐거운농장 **위치** 강원도 춘천시 서면 금산리705번지26호 **대표자** 고순자
설립연도 2008년 즐거운 우리집, 2013년 (사)발달장애인복지회 (행복한세상)설립 중 **주요품목** 매실, 고추,쌈채소 등, 장애인농장체험 및 실제재배 **연매출** 1천만 원 **장애인** 10명 **수상경력** 사)한국장애인부모회강원도지회로 5년간 단기보호소 운영, 춘천시 시설하우스보조(650만 원) **전화번호** 010-5379-4599

사업현황 — 장애인 단기보호시설에서 농업을 통한 장애인 소득보전에 초점

▶ 2008년부터 장애인 단기보호시설 운영, 농장은 체험농장으로 활용하여 운영 효과 극대화

- 장애인 10명을 위탁받아 보호시설을 운영하면서 틈틈이 체험농장을 통해 심리적 안정과 자연 치유, 농업으로 자활력을 높임

▶ 농장에서 농산물을 생산함으로써 자급자족을 목표로 하며, 지역주민과 연계를 통해 장애인들의 기본적인 문제 해결

- 즐거운농장에서 장애인들이 직접 생산한 농산물은 단기보호시설의 식재료로 활용하고, 매실엑기스등 가공식품은 주변 가공공장을 통해 소량 판매하여 소득 창출

▶ 가족봉사단, 나눔이 봉사단 등 사회봉사단체와 연계하여 장애인 복지에 만전을 기함

- 지역 사회봉사단체의 도움을 받아 운영하고 있으며, 봉사단체 또한 장애인들을 도우며 상부상조의 협력관계 유지

▶ 2013년 푸른학교(자연친화적 치유농업 체험교육)과정 개설, 장애인 공동생활가정 및 주/단기 복지시설운영, 취약계층 힐링 상담사업 등 계획 중

체험 농장 활동

심리 치유 활동

| 사업성과 | 장애인의 정신분열, 사회 부적응 등 2차적 문제 해소 |

▶ 농업을 통한 장애인 치유를 기본으로, 학령기 이후 어려움을 겪고 있는 장애인들의 문제 해결
- 식물에 물을 주고, 상추의 성장을 관찰하는 등 식물 키우기 활동을 통해 심리적·정서적 안정 도모
- 청소년 이후 갈 곳이 없는 장애인들에게 농업을 직업으로 삼을 수 있도록 교육하고, 이를 통해 안정적인 소득을 얻게 함은 물론 2차 장애 완화와 사회생활에 적응할 수 있도록 지원
- 매실엑기스 2백만 원, 매실 생과 2백만 원, 고추·산채 6백만 원 등 농산물 판매로 수익 창출

▶ 대표의 열정으로 장애인치유의 새로운 지평을 열게 됨
- 새로운 형태의 치유농장과 장애인 보호시설 융합을 통한 장애인 소득보전기회로 활용코자 준비 중이며, 대표는 현재 강원도농업기술원 원예치유사 과정 수료 중

▶ 농장 주변 환경과 연계한 정서치유 활동 강화
- 장류체험시설(마을), 고려개국공신 신숭겸 묘(역사의식 고취), 서면박사마을(학습의지 고취) 애니메이션 박물관 등의 연계를 통해서 장애인들의 정서 함양에 긍정적 영향

영농활동 모습

농가 재배 작물

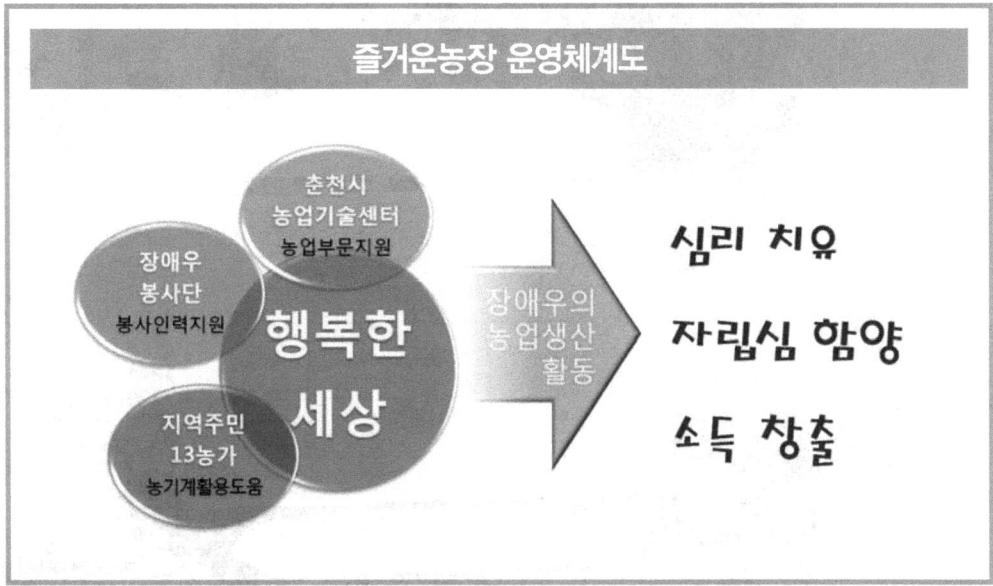

'즐거운농장'의 나아갈 길

- 원예치유사, 장애인 도우미등 전문인력을 적극 지원함으로써 치유와 소득보전의 기회 창출
- 가공지원시설을 통해 겨울철 농한기 장애인 소득보전(가공, 건조 등)
- 푸른학교 등 대안학교 체험 프로그램 개발, 홍보를 통한 사업 다각화

57 체험·관광에서 치유농업까지 변신하는
채림효원

강원도 횡성의 물 맑고 산 좋은 곳에 위치한 채림효원은 야생화, 꽃누르미(압화), 사슴농장을 운영하고 있다. 횡성군에서 지정한 농촌체험교육농장으로 다양한 체험학습을 수행하는 테마가 있는 치유농업 정원을 지향한다.

법인명 채림효원 위치 강원도 횡성군 우천면 정금리 850-1 대표자 김채윤 설립연도 2006년
주요품목 야생화, 꽃누르미, 엘크사슴 연매출 7천5백만 원 수상경력 2006 농촌진흥청 여성일감갖기, 2011 농촌진흥청 농촌교육농장지정 홈페이지 http://blog.daum.net/sooplove1004/72
전화번호 010-3111-0065

사업현황   엘크사슴 녹용 및 체험·자연치유로 수익성 증가

▶ 2006년 농촌여성 일감갖기 사업을 계기로 소일거리로 돌보던 꽃밭을 아름다운 정원으로 꾸미고 체험과 치유의 장을 마련
  - 취미로 하고 있던 꽃누르미[1] 사업을 위해 사업장을 신축하고 야생화 정원을 조성하여 체험의 장으로 활용
  - 녹용 및 체험 자연치유 정원으로 수입 안정성 확보하고 자연을 통한 치유프로그램 계획

▶ 2011년 농촌진흥청 지정 농촌교육농장이 되면서 이름을 알리기 시작
  - 주로 지역 아이들과 도시민에게 쉼터이자 치유 장소를 제공하며, 농촌의 목가적인 현장에서 자연의 신비와 생명의 아름다움을 직접 체험할 수 있는 공간
  - 아름다운 정원과 생명력 넘치는 사슴을 보면서 아이들의 정서발달에 도움을 주고 도시민에게 휴식체험 공간을 제공

▶ 강원도농업기술원의 농업치유과정을 수강 중이며 지역 혹은 다른 지역의 선진지 견학을 통해 자연치유에 대한 신뢰 형성
  - 꽃밭과 정원을 통해 자연치유 뿐만 아니라 테마가 있는 치유 정원으로 활용가치를 높이고, 농업치유프로그램을 연계하여 지역농업 활력에 기여

사슴농장

꽃누르미 체험

---

[1] 조형예술의 일종으로 꽃과 잎을 눌러서 말린 그림을 말한다. 우리말로는 꽃누르미(Pressed flower) 또는 누름꽃으로 불리며 보통 한자로 압화(押花)라고 한다.

| 사업성과 | 1차 농산물 판매와 체험 및 치유정원으로 소득창출 |

▶ 2012년 소득 7천5백만 원 창출
- 현재까지의 주 수입원은 녹용의 도매시장 판매 수익이 대부분
- 체험 및 치유프로그램과 연계하고 가공식품 개발을 통해 다양한 소득원 창출 계획

▶ 강원도농업기술원 원예치유사 과정 수강, 횡성군농업기술센터 녹용가공과정 실습 수강
- 테마가 있는 치유농업으로 전환을 꾀하고 있으며, 녹용가공기술을 통한 새로운 사업으로의 도약할 수 있는 발판을 마련

▶ 정원, 사슴농장 둘러보기, 체험 치유학습프로그램 도입 계획
- 앨펄퍼 재배지 둘러보기, 정원 및 꽃 재배지 둘러보기 등은 기존 시설을 활용하고, 정원에서 직접 가꾸는 꽃을 활용하여 식물 표본 만들기, 부채 및 기타 소품 만들기를 실행, 체험 재료도 판매
- 녹용으로 젤리 만들기, 녹용환 만들기는 가족들에게 좋은 반응을 얻고 있으며 농업기술센터를 통해 녹용가공기술을 배워 직접 가공제품을 생산하고자 노력

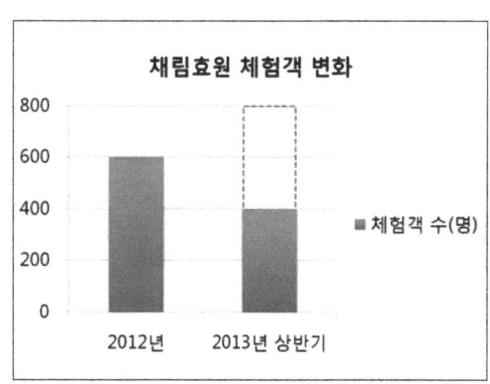

연도별 체험객 수

실내 교육장

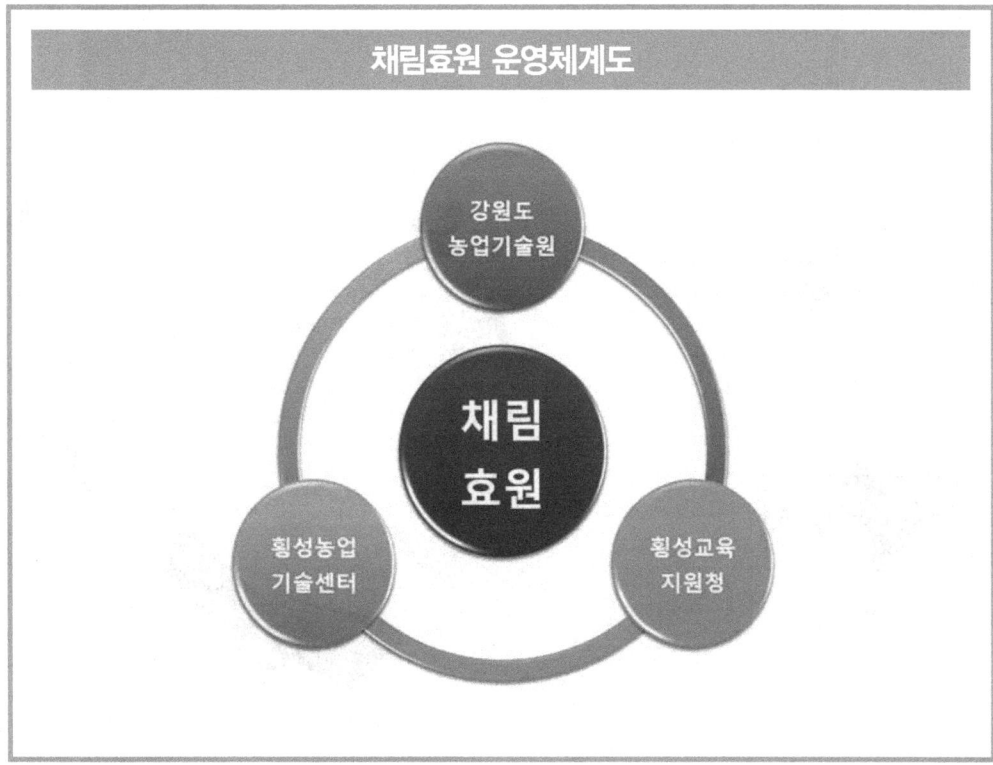

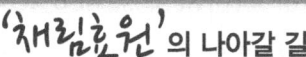'의 나아갈 길

- 주 고객은 초·중등학생을 포함한 가족, 일반고객
- 2015년까지 치유정원을 완성하고 숲 유치원을 운영할 계획
- 2015년까지 노인들로 구성된 마을기업을 만들어 실버 일자리 창출을 위해 노력
  - 회다지 소리전수관 : 장례문화행사에 관련 제사음식 축제활용, 향토음식을 통한 음식체험 활용

58 내 몸 안의 자연치유기능을 깨우는
물뫼힐링팜

농장이 위치한 지역의 순우리말 '물뫼'와 몸과 마음을 치유한다는 '힐링' 그리고 농장 'Farm'을 합쳐 만든 '물뫼힐링팜'. 농장에서는 친환경 감귤농장을 방문한 일상에 지친 도시민들에게 원예체험과 다양한 치유 프로그램을 통한 달콤한 휴식을 제공하고 있다.

법인명 물뫼힐링팜 **위치** 제주시 애월읍 예원로 51(수산리 357-1) **대표자** 양희전 **설립연도** 2008년
주요품목 감귤 **연매출** 5천만 원 **인증내역** 국립농산물품질관리원 지정 대한민국 스타팜, 유기농산물 인증 40-1-8, 무농약농산물 인증 40-3-6 **전화번호** 070-4102-2478

사업현황 — 치유(Healing)와 농업의 유쾌한 만남, 새로운 문화 창출

▶ 바쁘게 살아가는 지친 도시인들에게 '치유'가 필요한 시대가 올 것이라는 믿음과 농업의 격은 문화와 접목될 때 높아질 수 있다는 신념을 접목하여 '힐링팜'을 구상

▶ 힐링농장, 힐링푸드, 체험 프로그램, 힐링공연 등 힐링 콘텐츠 제공
 - 힐링농장 : 유기농업 체험, 물질 순환 농업 체험, 생태순환 텃밭 만들기 등
 - 힐링푸드 : 감귤즙, 방목 흙돼지로 만든 수제소시지 만들기 등
 - 체험 프로그램 : 한방떡 만들기, 명상체험, 유기농 음식 만들기, 도자기 만들기 등
 - 힐링공연 : 농업 관련 토크가 결합된 예술 공연 등

▶ 매월 진행되는 팜파티(Farm-party), 농장체험민박으로 고객과 만남
 - 팜파티 : 빙떡, 몸국 등 힐링 음식 만들기, 흙벽돌 만들기, 힐링 음악회 등
 - 농장체험민박 : 농촌진흥청의 농촌 체류형 민박기술 보급사업 지원, 제주시농업기술센터의 지원으로 기본적인 인프라를 구축하여 민박 운영 (약 1억 원 상당)

▶ 우프(WWOOF)를 통해 일손을 해결하고 더불어 새로운 체험 활동 제시
 - WWOOF(Willing Worker on Organic Farm)란 농장에서 자발적으로 일하는 사람들이라는 뜻으로 숙식을 제공받는 대가로 농장 일을 거들어 주는 사람을 활용하는 농장
 - 외국인 배낭여행객들에게 제주의 유기농 철학과 농법을 알리고, 농장 방문 도시인들에게는 외국인들과 함께하는 체험을 통해 새로운 경험을 제공

물외힐링팜 전경

감귤즙

사업성과 예술 + 문화 + 농업이 만든 6차 산업의 하모니

▶ 국립농산물 품질관리원 지정 대한민국 스타팜 선정

▶ 다양한 힐링 체험 프로그램 운영으로 매년 체험객 증가, 판로 확보
- 2008년 오픈 후 매년 체험객 증가(수용 가능한 범위 내에서 방문 받음)
- 힐링 체험 자체 매출액은 크지 않으나, 힐링 체험 프로그램 참가자들에게 신뢰를 전달함으로써 1차 생산물, 2차 가공식품에 대한 자연스러운 직거래 판로가 확보되는 효과

▶ 힐링의 아이콘, 농업의 3차 치유중심형 우수 사례 마을 선정
- 힐링이라는 주제가 농업에 성공적으로 적용될 수 있다는 것을 보여주고 농업이야말로 대국민 힐링 사업의 좋은 일환이라고 생각하여 힐링마을로 개발을 추진
- 농식품부 마을 지원 사업에 '힐링'을 주제로 선정

▶ 농업에 대한 인식 전환
- 농업이 지친 도시인들에게 힐링을 줄 수 있는 곳이라는 인식 형성
- 농업이 문화와 결합하여 농업의 부가가치 제고

물뫼힐링팜 소개

전통떡살빗기 체험

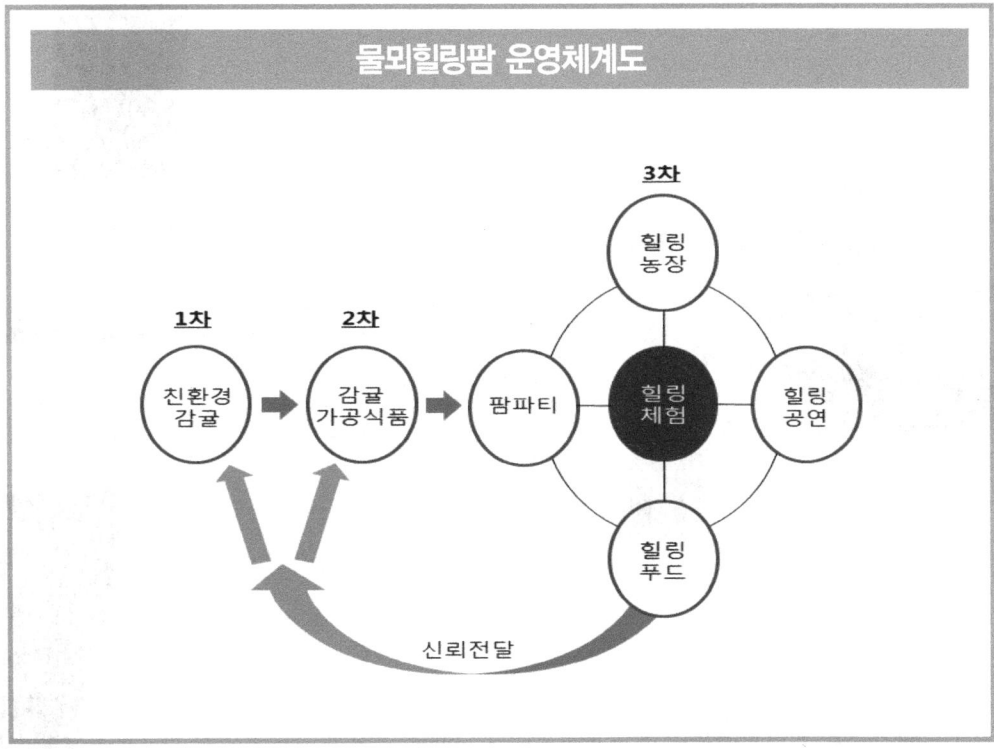

'물뫼힐링팜'의 나아갈 길

- 적극적인 홍보 커뮤니케이션 전개
  - 현재 홈페이지, SNS 등 소비자와 소통하는 매체의 활용이 전무한 상태
  - 체험·경험의 확산을 통한 자발적 참여를 유도하기 위해서는 보다 적극적인 소통 필요
- 체계적인 힐링 프로그램의 전개
  - 다양한 힐링 프로그램을 전개하고 있으나 명확한 주제의식 부족
  - 정확한 세부 테마를 가지고 차별적인 가치 전달이 필요

59 농촌의 자연에서 건강을 되찾다
산음숲자연학교

'산음숲자연학교'는 경기도 양평군 단월면에 소재한 초등학교(산음초교) 교사를 활용하여 농촌자연을 소재로, 기업체의 치유 프로그램 등을 운영하고 있다. 주변의 숙박업소(4개소)와 연계하여 연간 약 1천5백여 명이 방문하는 체류형 치유농업을 실현해 나가고 있다.

법인명 산음숲자연학교 위치 경기도 양평군 단월면 산음리 231-1번지(구 산음초등학교) 대표자 조준호
설립연도 2009년 주요품목 지역 자연경관 활용 연매출 3억 원 농가수 부부경영
홈페이지 http://atherapy.co.kr 전화번호 031-771-2504

| 사업현황 | 지역의 자연환경을 활용한 치유 프로그램 운영에 초점 |

▶ '산음숲자연학교'의 부설기관형식으로 '산음숲예술치료센터'를 운영
- 2001년 폐교된 초등학교를 임대하여 2009년부터 사업을 시작 경영자 부부가 자연 치유와 표현예술 치유분야로 역할분담

▶ 서울에서 심리치료센터를 운영하다가 2009년 귀촌하였으며, 농촌지역의 자연경관을 활용한 도시민의 재충전 및 스트레스 완화가 판매 포인트, 연중 고객방문이 가능토록 사업별 포트폴리오 수립
- 고객별 수요를 고려한 맞춤형 치유 프로그램을 직접 개발하여 활용
- 치유 프로그램은 계절의 영향을 받지 않고 평일 이용 횟수가 많다는 점에 착안
- 자연학교는 방학캠프와 야영, 캠핑장을 중심으로 운영하기 때문에 비교적 휴일에 수요가 많다는 점에 착안
- 과잉투자를 억제하기 위해 주변의 숙박업소와 연계하여 체류형 사업을 실현

▶ 준비기간 3년 동안 홍보, 프로그램, 프로그램 진행자 수급계획 등 수립
- 최근에는 인터넷 홍보와 별도로 고객을 방문하여 직접 마케팅을 실시
- 새로운 프로그램 개발과 전문성 향상을 위해 매년 1~2천만 원을 재교육에 투자

▶ 사업의 내실화를 위해 치유 프로그램 1회, 참여인원 40명 내외로 제한
- 현재 운영 중인 프로그램은 아동 및 청소년 성장 프로그램, 가족 성장 프로그램, 여성 성장 프로그램, 일반인 성장 프로그램, 아동과 청소년을 위한 예술치료 교사 연수 프로그램 등으로 평일에 방문하는 고객을 중심으로 목표고객 설정

각종 치료프로그램 진행

숲 치유 프로그램

| **사업성과** | 지속적인 방문객 증가로 고용창출, 소득증대 |

▶ 자연경관을 활용한 치유 프로그램 운영으로 지역의 자연경관·역사·문화를 소득원으로 가치 창출

▶ 치유 프로그램은 1박2일 프로그램으로 연간 약 1천5백 명이 방문하여 연간 약 3억 원의 매출 실현
- 농촌지역에 도시지역의 자금을 유입시키는 효과 실현
- 농촌지역의 방문객 증가로 지역 커뮤니티 형성에 직·간접적으로 기여

▶ 연간 정규직 1명과 보조치유치료사 5명, 비정규직 요리사 2명 고용
- 고객의 일일 변동을 고려하여 보조치유치료사를 활용함으로써 경영위험도 감소
- 친환경농산물을 활용한 발효음식 전문요리사를 고용하여 차별화에 성공

▶ 지역과의 연계를 통해 사업의 효율성 제고와 지역경제 활성화에 기여
- 주변지역 숙박업소에 연간 약 4천5백만 원의 매출 창출에 기여
- 폐교를 활용한 치유농업의 성공으로 연간 2천만 원의 교육청 임대수익 발생

▶ 단체 및 기업을 중심 고객으로 설정
- 치유 프로그램은 계절의 영향을 받지 않고 평일 이용 횟수가 많아 사업성 양호
- 현재 고객은 기업(50%)과 복지기관(50%)으로, 기업체 비중을 80%로 확대할 예정

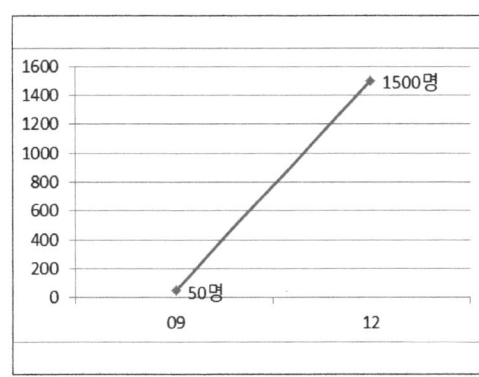

연도별 체험객 수

산음숲예술치료센터 홈페이지

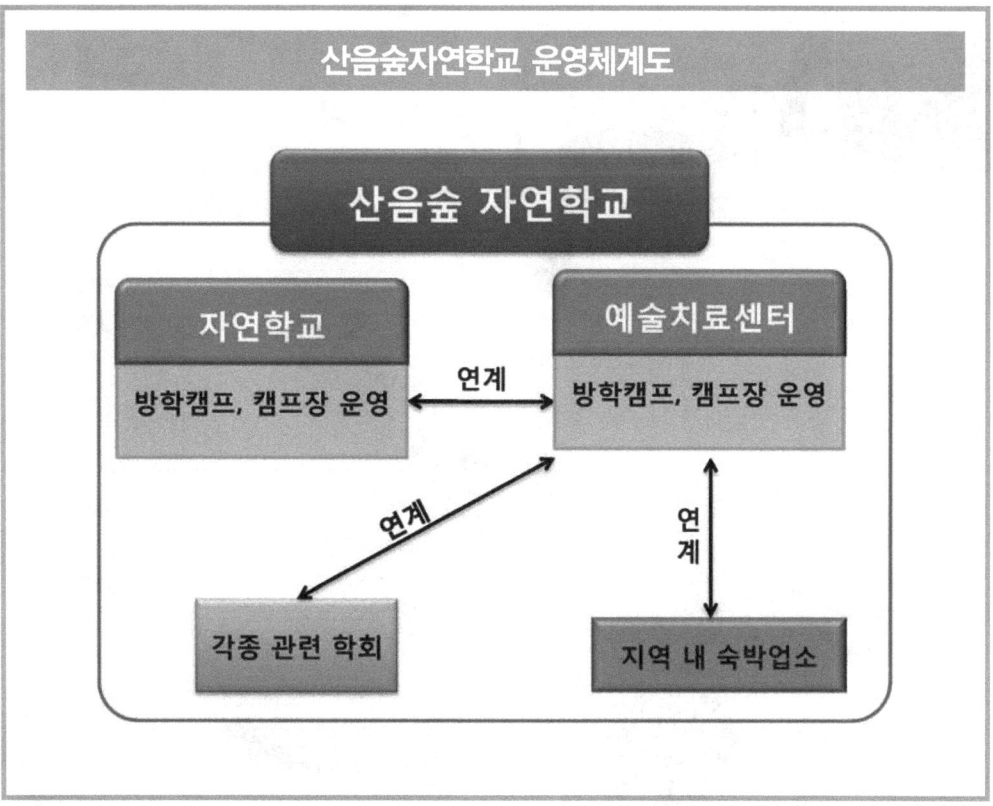

'산음숲자연학교'의 나아갈 길

- 고객세분화와 고객별 맞춤형 프로그램 개발 및 이용고객에 대한 철저한 피드백으로 사업영역 확대
- 자연과 예술을 결합한 다양한 치유 프로그램 개발로 치유농업에 대한 사회적 인식 고양
- 지역사회와 연계강화를 통해 지역경제 활성화에 기여
- 사업의 내용이 정해져 있는 정부 정책사업보다는 고객의 수요에 유연하게 대응할 수 있는 사업 지향

도시 속 치유농업
안성 원예치유연구회

경기도 안성 원예치유연구회의 치유농업 프로그램은 도시민들이 농업·농촌의 중요성을 재인식하고 여가활동을 통해 몸과 마음의 건강을 증진시키는 취지에서 시작되었다. 다양한 도시 농업을 기반으로 치유 프로그램을 운영 중이다.

연구회명 안성 원예치유연구회 위치 경기도 안성시 보개면 보개원삼로219(불현리189-3)
대표자 유수형 주요사업내용 농촌노인과정, 힐링반 운영 지원사업 및 금액 2010, 2011년 1억5천만 원
교육인원 2006~2012년 1만5천 명 참여 사업시작년도 및 배경 2006 시각장애인 15명 대상으로 시작, 원예치료를 통한 농업의 이해와 시민정서 함양 홈페이지 http://www.anseongrgo.go.kr
전화번호 031-678-3081~4

사업현황   몸과 마음의 병을 치유하는 도시농업 원예 치유 프로그램

▶ 농업에 종사하거나 농촌에 귀촌한 노인들을 대상으로 현지 출장을 통해 건강하고 아름다운 노년의 삶을 만끽할 수 있는 프로그램 제공
- 현지출장을 통해 총 7개 과, 21회 운영으로 농촌노인 330명에게 삶을 보람차게 하는 농촌복지의 새로운 형태
- 농촌노인들의 참여 호응도가 높아서 2013년 7~8월 과정 개설, 운영

▶ 도시 속 농업, 농촌 자원을 활용해 힐링반을 운영하여 안성시민의 힐링을 돕고 도시의 안정된 생활을 추구하는 프로그램
- 2개 과정 총 2회, 안성시에 거주하는 마음의 치료가 필요한 시민(60명)을 대상으로 일상생활에 지친 현대인들에게 힐링을 통하여 정서적인 안정 효과 제공
- 식물은 동물과 달리 자라면서 향기를 내고 커가는 과정 속에서 자연스럽게 우리 먹거리와 볼거리를 제공해 주는 건강의 제1요소

▶ 도시농업 및 농업, 농촌의 건강하고 행복한 삶을 위해 전문 원예치료사 상주, 지속적인 발전 중
- 원예치료사 12명, 시설담당자 6명, 기관담당자 2명 등 원예치유 관련자들이 워크숍을 통해 보다나은 도시농업의 다양한 원예프로그램을 개발하고, 자체적인 발전을 꾀할 수 있는 프로그램 완비
- 한경대학교 평생교육원 원예복지사 양성과정과 연계를 통한 원예치료사 능력 향상
- IHPA(국제원예프로그램연구회) 등 다양한 프로그램 개발 및 지도자 양성

가족원예 프로그램

원예치료실

사업성과 원예식물 소비촉진 및 시민, 농업인 심리적 안정감

▶ 장애인 시설, 어린이집에 텃밭 만들기 프로그램을 지원하여 지역 사회와 더불어 사는 가치 있는 삶 추구
- 혜성원, 다비타의 집, 금란복지원, 맑음터 등 안성시에 소재한 장애인 시설에 치료정원 조성 및 교육을 실현하여 장애인의 심신안정과 복지증진에 노력
- 몰입을 통한 행복감 증대, 스트레스 감소를 통한 정서적 안정 및 삶의 질 향상

▶ 꽃을 통한 대화 등 2013년 가족원예반 운영으로 가족애 함양
- 방학 기간을 활용하여 어머니와 자녀대상 원예프로그램을 실시하여 부모와 자녀의 공통적인 대화의 장을 형성하고 아동의 사회성 및 자아존중감 향상에 기여

▶ 각 프로그램은 지역 도시민의 안정적인 삶을 지원하기 위한 방안
- 초창기 홍보부족으로 복지시설과 일반인들의 중복신청 등의 문제가 발생했으나, 프로그램 시작 전 시설담당자 및 원예치료강사 사전협의회 개최, 프로그램 종료 후 각 담당자들 토의로 교육 보완과 평가가 이루어지면서 문제 개선
- 원예 분야에서 활동하고 있는 강사, 전문가 초청 및 프로그램 지원으로 수요 증가

▶ 도시농업 육성지원사업의 다양한 세부 분야(프로그램 세분화, 다양화)는 안성 원예치유 연구회의 노력의 소산
- 일반주부반, 학교 텃밭, 베란다 정원반 등은 원예 분야 전문가를 지원하고 있으며, 농촌노인 과정, 힐링반, 가족원예반, 장애인 및 시설기관에 대한 지원 등으로 농업, 농촌의 영역을 확대하는데 기여

치유 프로그램 운영

안성시농업기술센터

안성 원예치유연구회 운영체계도

- 안성시 농업기술센터
  - 원예특작팀
  - 치유 프로그램 운영
- 연계 조직
  - 각급학교 및 사회단체
  - 장애우 시설 및 기관기설
  - 한경대학교 평생교육원 원예복지사

'안성 원예치유연구회'의 나아갈 길

- 보다 많은 시민의 교육 참여 유도를 통해 도시민 삶의 안정 도모
- 소외계층의 복지실현으로 생산적 복지, 여가활동을 함께 나눔
- 사회복지시설 치료정원 조성으로 장애인을 건전한 사회구성원으로 육성하는 데 기여
- 농업기술센터네 원예치료실 확장 및 전문가 지원

편집인 농촌진흥청 기술협력국장 김응본
기 획 농촌진흥청 기술경영과장 이상영
집 필 박정운, 안욱현, 황대용, 위태석, 배형호, 김창환,
　　　 신재민, 김아영, 김후작, 유희재, 송정림
교 정 김민아

농업·농촌의 창조경제를 실현하는
6차 산업 이야기

초판 인쇄 2016년 08월 08일
초판 발행 2016년 08월 15일
저자 농촌진흥청
발행인 김갑용
발행처 진한엠앤비
주소 서울시 서대문구 독립문로 14길 66 205호
　　　(냉천동 260, 동부센트레빌아파트상가동)
전화 02) 364 - 8491(대) / 팩스 02) 319 - 3537
홈페이지주소 http://www.jinhanbook.co.kr
등록번호 제25100-2016-000019호 (등록일자 : 1993년 05월 25일)
ⓒ2016 jinhan M&B INC, Printed in Korea

ISBN 979-11-7009-813-3 (93520)　　　[정가 26,000원]

☞ 이 책에 담긴 내용의 무단 전재 및 복제 행위를 금합니다.
☞ 잘못 만들어진 책자는 구입처에서 교환해드립니다.
☞ 본 도서는 [공공데이터 제공 및 이용 활성화에 관한 법률]을 근거로
　 출판되었습니다.